Q&A 辺野古から問う日本の地方自治

本多滝夫
白藤博行
亀山統一
前田定孝
徳田博人

自治体研究社

辺野古新基地周辺地図

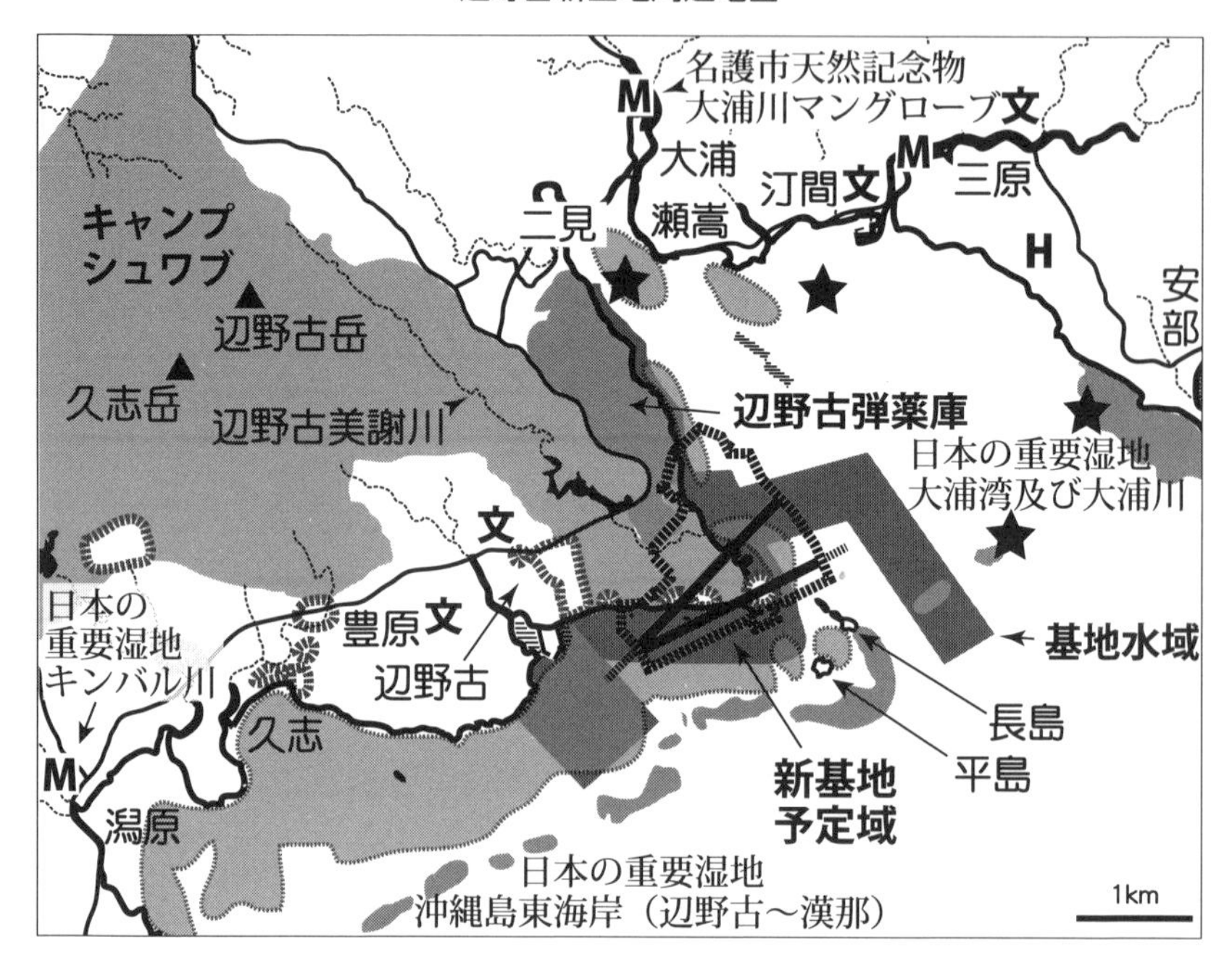

浅瀬（サンゴが多い場所）　≣ 資材置き場等　●⋯⋯ ダム・河川
藻場　文 学校　— 主要道路
遺跡・遺物散布地（申請中含む）　H リゾートホテル
★ 大浦湾のサンゴ群集　M マングローブ林

出典：国土地理院 1/25000 地形図、海上保安庁海図 222B、環境省生物多様性センター「日本の重要湿地 500」、環境省「ジュゴンと藻場の広域的調査　平成 13 年～17 年度結果概要」、沖縄県「沖縄県の米軍基地」、沖縄県「沖縄県地図情報システム・県内遺跡地図」、（財）日本自然保護協会「大浦湾 3D マップ」、名護市「パンフレット（米軍基地のこと、辺野古移設のこと）」、沖縄タイムス・ウェブ版 2015.11.21 付「辺野古の土器を文化財認定へ　沖縄県教委、基地予定地で出土」を参照し、描画した。

はしがき

普天間基地の代替基地予定地として辺野古沖が候補地に挙げられてから、すでに20年が経過しようとしています。しかし、辺野古新基地の建設をめぐる問題はいまなお解決がついていません。それどころか、昨年（2015年）10月に、新基地の建設工事を止めるため、翁長雄志（おながたけし）知事が、前の知事の仲井眞弘多（なかいまひろかず）知事が沖縄防衛局に与えていた辺野古沿岸域の埋立承認を取り消したことをきっかけに、11月からこの問題は裁判所に持ち込まれ、沖縄県（知事）と日本政府（国土交通大臣）が3つの裁判で相争うという前代未聞の事態に至りました。

今年（2016年）3月4日に、沖縄県と政府との間で、これらのうち2つの裁判の和解が成立し、もう1つの裁判も沖縄県が訴えを取り下げたので、3つの裁判は一応終息しました。この冊子が刊行される4月の時点では、和解にしたがって、建設工事は止まり、「円満解決」を目指して沖縄県と日本政府は協議をしています。ところが、なんとこの和解では、沖縄県と日本政府が再び裁判で相争うことが予定されています。

この冊子は、このように傍目には複雑な辺野古新基地建設をめぐる沖縄県と日本政府との争いを、Q＆A形式でわかりやすく解説することを目的としています。

第Ⅱ部第1章は、辺野古新基地建設の背景や新基地の規模、目的などを明らかにします。問題の本質が、普天間基地の辺野古への移設ではなく、辺野古での新基地の建設にあることがわかることでしょう。

第Ⅱ部第2章は、辺野古沿岸域の埋立承認とその取消しの経緯、そして、3つの裁判を経て和解に至った経緯を説明します。前知事の埋立承認がいかに杜撰であったかを理解することができるでしょう。

第Ⅱ部第3章は、埋立承認取消しをめぐる法律問題を解説します。地方自治の原理、法治主義の原理に立てば、日本政府がとった手段がいかに理不尽なものであったかをみてとることができるでしょう。

ところで、辺野古新基地建設の問題は地方自治の問題にも深くかかわっています。そこで、第Ⅰ部では、日本国憲法が保障している地方自治とはなにか、そして、裁判で埋立承認取消しを守り抜くことが沖縄の人々の人権・自治権とどうかかわっているのかを解説します。

翁長知事はこう訴えています(『戦う民意』KADOKAWA、2015年、96ページ)。

「全体で連帯してノーというべきものにはノーという。そして地方自治のあり方から再度考え直し、地方から日本を変えるという視点が求められます。

沖縄で、辺野古でいま起きている問題は日本国民全体に関わることです。」

辺野古新基地建設問題に関心を寄せている方々だけでなく、多くの方々にもこの冊子を手に取っていただきたいゆえんです。

『Q&A　辺野古から問う日本の地方自治』目次

第Ⅰ部

地方自治って　なんだ？

―辺野古から問う日本の地方自治―

専修大学教授
白藤　博行

沖縄の民衆の怒りと祈りの訴訟

1995年、沖縄米兵少女暴行事件を契機に、沖縄の「満腔の怒り」は県民総決起集会に結実し、一人の女子高校生が、「基地が沖縄に来てから、ずっと加害は繰り返されてきた。基地があるゆえの苦悩から、わたしたちを解放してほしい。今の沖縄はだれのものでもなく、沖縄の人々のものだから。私たちに静かな沖縄を返してください」「軍隊のない、悲劇のない、平和な島を返してください」などと訴えました。いまだに、この願いはかなわず、直近でも、米兵女性暴行事件が繰り返され、基地があることによる人権蹂躙や平和への脅威が続いており、人間の尊厳は踏みにじられたままです。

公有水面埋立法上の埋立承認取消処分をきっかけに始まった国との翁長知事のたたかいも、まさに沖縄の民衆の怒りと祈りの訴訟というほかありません。翁長知事は、沖縄県民の「戦う民意」に基づき、「行動する知事」として、果敢に国に抗っています。わたしたちは、このたたかいを、ひとり沖縄の地方自治の問題としてではなく、日本全体にかかわる地方自治の問題として捉えなければなりません。

日本国憲法は、そもそも日本の非軍事化と民主化をめざしたもの

日本国憲法が、国民主権、基本的人権の保障、そして平和主義を基本三原則としていることは、よく知られるところですが、地方自治の保障が第四原則であることはあまり知られていません。憲法は、第二次世界大戦の惨禍への反省から、①日本が二度と戦争をしないように非軍事化を徹底すること、同時に、②戦争国家にいたる原因となった中央集権的国家体制を民主化することを目的として制定されました。この民主化

の要石（かなめいし）が、憲法の地方自治保障です。ただ、たしかに憲法では、明文による地方自治保障がはたされましたが、それを具体化する地方自治法などの法律では、国が知事や市町村長といった自治体の主要な執行機関を、あたかも自らの手足のように操る機関委任事務制度をつくりあげてしまいました。その結果、国と地方との関係は、補助金行政もあいまって、上下・主従の関係といわれるものになってしまったのです。

「地方分権改革」の時代の地方自治法改正

このような地方自治の形骸化は長く続きましたが、１９９０年代半ばに始まった「地方分権改革」では、なおざりにされてきた地方自治＝民主主義の蘇生が目指されました。自治体を国の手足としてきた機関委任事務制度を廃止し、国と自治体との関係を上下・主従の関係から対等・協力関係とすることが目的とされました。途中で、市町村合併の促進といった方向に歪んだ面もありますが、１９９９年の地方自治法改正では、まがりなりにも機関委任事務が廃止されたほか、国の関与と国の関与に対する不服の争訟が法定化されました。つまり、機関委任事務制度のもとでは、なんでもありの包括的な国の関与が許されていましたが、改正地方自治法のもとでは、国の関与の基本原則、種類、要件などが定められ、違法・不当な国の関与に対しては、自治体は国地方係争処理委員会（係争処理委）へ審査の申出ができたり、さらに、司法裁判に訴えることができる仕組みが明文で規定されました。

辺野古訴訟における国の対応を見ていると、どうやらこの「地方分権改革」や地方自治法改正の意義を全く理解していないように見えます。あるいは、意図的に、国のやりたい放題だった機関委任事務や職務執行命令訴訟の亡霊を追いかけているのでしょうか。

国の「国民なりすまし」争訟
―沖縄県の自治権侵害訴訟・沖縄県民の人権侵害訴訟の始まり―

まず国は、防衛省沖縄防衛局（沖縄防衛局）を使って、翁長知事の埋立承認取消処分に対して、こともあろうに行政不服審査法上の審査請求・執行停止申立てを行いました。これは、沖縄防衛局が、国民になりすまして、地方自治法第255条の2に基づき、行政不服審査法の審査請求・執行停止申立てを行ったものです。国は、本来、わたしたち国民の権利利益の簡易迅速な救済法である行政不服審査法を、あたかも「行政機関救済法」、もっといえば「沖縄防衛局救済法」にしてしまったわけです。行政法のイロハも知らないのか、知っているとしたら、行政法学の冒瀆（ぼうとく）です（↓90ページ）。しかも、この審査請求・執行申立てを受けた国土交通大臣はといえば、いかにも公正な第三者審査機関（審査庁）とばかりに、沖縄防衛局の工事続行を図るため、迅速な執行停止決定を行いました。沖縄防衛局は国民になりすまして審査請求・執行停止申立てを行い、国土交通大臣が名ばかり審査庁としてこれに呼応するといった前代未聞の珍事件です。沖縄県の自治権を侵害する訴訟、沖縄県民の人権を侵害する訴訟の始まりです。

国土交通大臣の代執行等関与（代執行訴訟）

さらに、国土交通大臣は、地方自治法245条の8に基づいて、国による代執行等関与を開始しました。国土交通大臣は、翁長知事の埋立承認取消処分を取り消すように勧告し、指示もしましたが、翁長知事がいずれにも従わなかったため、代執行訴訟の提起となりました。国土交通大臣は、沖縄防衛局の「国民なりすまし審査請求・執行停止申立」に対して、執行停止決定はしたものの、違法・不当の裁決も出せないままでありながら、なぜか代執行訴訟の提起に当たっては、翁長知事の埋立承認取消処分は違法であると断言して、手続を進めました。

そもそも代執行等関与は、国の行政機関が自治体の行政機関に成り代わって権限を行使するという意味で最強の権力的関与です。そこで地方自治法は、代執行等関与を最後の切り札として位置づけ、代執行等関与を行う前に、より緩やかな関与である《是正の指示》などの関与を行うことを法定しています。国は、これら地方自治法の関与の仕組みを全く理解していないまま、突然の代執行等関与を行ったことから、「それはないでしょ」というのが沖縄県の主張でした。

福岡高等裁判所那覇支部・多見谷裁判長の和解勧告、そして和解

代執行訴訟の国の指定代理人は、その第1回期日（2015年12月2日）の冒頭、「この場は、司法の担い手である裁判所において、『法的な』観点から紛争解決をするための審理期日であります。したがいまして、この場は、双方が玲瓏（れいろう）な法律論、澄み切った法律論を述べ合う場であります」と堂々と述べました。国が、

代執行訴訟で負けるはずがないという「自負」心の表れだったのでしょうか。しかし、国が提起した代執行訴訟が要件を充たさない違法なものであることが、沖縄県の弁論を通じて明らかになってくるなかで、国は、多見谷裁判長が示した和解勧告に応じるほか道はなくなってしまいました。和解勧告文は、日本政府と沖縄の対立の構図について、「平成11年地方自治法改正は、国と地方公共団体が、それぞれ独立の行政主体として役割を分担し、対等・協力の関係となることが期待されたものである。このことは法定受託事務の処理において特に求められるものである。同改正の精神にも反する状況になっている」と述べています。結局、この和解勧告に応じるかたちで、国と沖縄県は和解することになりました。

和解条項の内容についての評価は、別の機会にしたいと思います。ただ一言だけ付言させてもらうと、国は、「玲瓏な法律論、澄み切った法律論」と豪語したからには、和解などに応じず、正々堂々と代執行訴訟を最後まで追行するのが筋だったのではないかとは思います。

多見谷裁判長の和解勧告は、一見すると、かたちは喧嘩両成敗のように見えますが、裁判長からしても無視できない瑕疵(かし)が代執行訴訟にあったと推測できます。さりとて国敗訴の判決も書きづらい裁判長の「武士の情け」の和解勧告だったのでしょうか。少なくともわたしには、国は、代執行訴訟という伝家の宝刀を抜いて見せたものの、実はそれが竹光だったことが明らかになってしまった、というのが事の顛末のようにみえてなりません。

沖縄県による沖縄県の自治権保障争訟・沖縄県民の人権保障争訟

国からの代執行訴訟は、沖縄県にとっては、「売られた喧嘩」は買わねばならぬということに尽きると思います。沖縄県は、別に「裁判沙汰」を望んでいるわけではありません。辺野古埋立問題についての沖縄県の主張は、沖縄県や沖縄県民の生きざまにかかわる問題について、沖縄県や沖縄県民の声を聞かないまま決めないでほしいといっているだけなのです。それゆえに、沖縄県民は、沖縄県が、「名ばかり審査庁」である国土交通大臣の執行停止決定を違法であるとして、係争処理委に対して行った審査の申出（係争処理委は却下処分）も、係争処理委の却下処分は違法であるとする取消訴訟も、そして「名ばかり審査庁」の国土交通大臣の執行停止決定は違法であるとする取消訴訟も支持していたのでしょう。和解の成立によって、一時的に、裁判所での沖縄県と国との争いは休止状態となっていますが、辺野古の争訟が、沖縄県による沖縄県の自治権保障争訟であり、沖縄県民の人権保障争訟であることの意（おもい）が消えたわけではありません。現在、和解条項を遵守するかたちで行われている、国の是正の指示に関する係争処理委への審査の申出についても、沖縄県の矜持（きょうじ）は示されることでしょう。

辺野古争訟にみる憲法の原理と国家の論理

辺野古争訟で際立っていたのは、安保の中でしか自治を認めないという「安保の中の自治」という国家の論理です。安保のためならば自治は制限されて当然という国家の論理です。憲法の地方自治保障からすれば、自治体を自治体として見ないこのような国家の論理は許されるはずがありません。

これに対して憲法の原理は、「憲法に基づく自治」です。憲法が保障する基本的人権をはじめとする諸原理・諸原則・諸価値をよりよく実現するために地方自治保障があり、ときには国に抗ってでも守らなければならない自治体住民の生命や人権があるということです。わたしは、これを「立憲地方自治」と呼んでいます。

人間を人間として見ない政権に、基本的人権の保障ができるはずがありません。自治体を自治体として見ない政権に、自治権保障ができるはずがありません。沖縄県で放置されてきた基本的人権保障の差別は、沖縄県民をあたかも日本国憲法の人権保障の対象として見ないかのごとき酷いものです。そして、問われているのは沖縄の人権だけではありません。日本人みんなの人権の問題なのです。もっといえば、すべての人間の人権の問題なのです。人権は普遍的なものであり、あえてこのようなことをいう必要はありませんが、日本ではまだまだ言わねばならないのでしょう。自分の人権と同じように他人の人権の保障を大事にしましょう。近くの人権と同じように遠くの人権の保障も大事にしましょう。そして現在に生きる人の人権だけではなく、未来に生きる人の人権の保障も大事にしましょう。これが憲法の原理です。

「おまえが消えて喜ぶ者に　おまえのオールをまかせるな」

2016年2月28日、那覇市で行われた緊急シンポジウム「辺野古裁判で、問われていること」（辺野古訴訟支援研究会主催）で、中島みゆきの「宙船（そらふね）」の歌詞を紹介しました。「その船を漕いでゆけ　おまえの手で漕いでゆけ　おまえが消えて喜ぶ者に　おまえのオールをまかせるな」。地方自治を漕ぐオールを、地方自治を疎（うと）んじる国・政権にまかせてはなりません。いま、沖縄県民は、これまでの「地方分権改革」で残された課題を着実にクリアしようとしています。それは、「未完の分権改革」といわれた「地方分権改革」の課題を、一部の特権階級にまかせずに、自らの手で完成させる営みでもあります。地方自治ってなんだ？これでしょ!!

第１章

沖縄・辺野古の基地問題の歴史と現状

「沖縄が米軍に自ら土地を提供したことは一度もありません」（翁長）

辺野古（2014 年 3 月）

琉球大学助教
亀山　統一

辺野古への新基地建設をめぐっては、「なぜ沖縄はここまで抵抗するのか」という疑問とともに、反対に「なぜ日本政府はここまで沖縄・辺野古にこだわるのか」という疑問も湧いてきます。

本章では、沖縄と日本との関係をふり返るなかで、そのことを考えてみましょう。

嘉手納、普天間、北部訓練場……と、基地だらけのイメージの沖縄。しかし1945年の日本の敗戦まではそうではありませんでした。いつから、どうしてこんなことになったのでしょうか。ここでは、沖縄のアメリカ軍基地が、どういう経緯で造成されたのか、辺野古になぜ新基地が建設されようとしているのかを見ていきます。

そのなかで、沖縄という地域において、アメリカ軍基地がどのような位置づけにあるのかを見ていきたいと思います。そこでは、辺野古新基地建設の大きなきっかけとなった、1995年のアメリカ海兵隊員らによる少女暴行事件に端を発する、宜野湾市普天間基地返還とその「代替地」としての辺野古新基地計画、そして現在にいたる辺野古新基地に担わされようとしている、アメリカの世界戦略における役割などが問われることになります。

沖縄国際大学からみた普天間基地（2010年10月）

Q＊1 何を目的に新基地を建設しようとしているのでしょうか?

沖縄島の米軍基地と基地水域

沖縄県「沖縄県基地マップ」より

アメリカ政府と日本政府がここまで固執する辺野古への新基地建設。どのような規模の基地を、誰が、何を目的として、建設しようとしているのでしょうか。

もともと沖縄という地域は、日本の国土の0・6%しかないにもかかわらず、日本全土のアメリカ軍基地の73・8%が集中しています。なぜこのような事態になったのでしょうか。ここではその疑問に答えます。

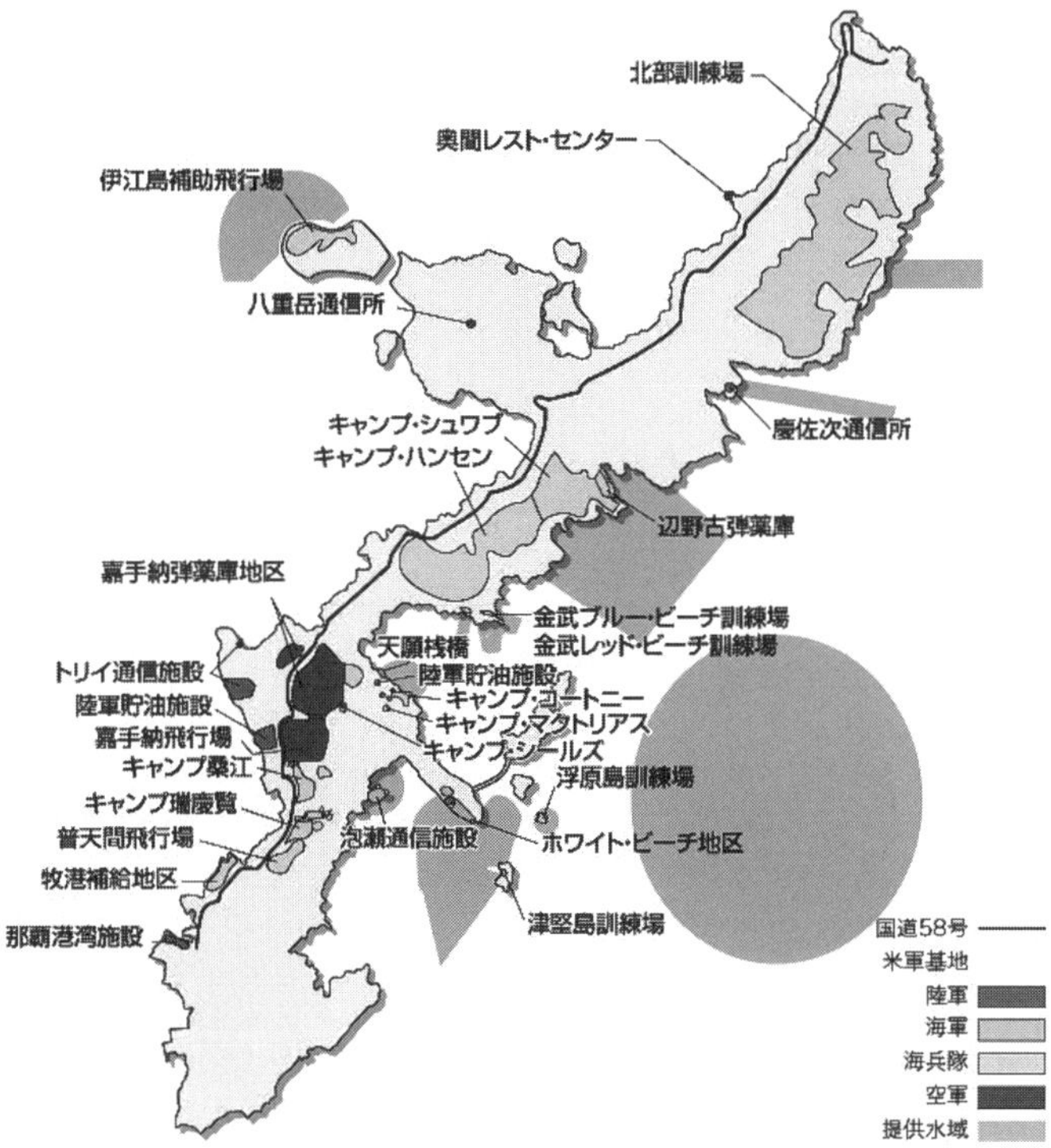

どんな基地がつくられようとしているのでしょうか？

沖縄島北部、通称「やんばる」地域の東海岸は、西海岸より人口が少なく、美しい自然が残っています。なかでも美しい大浦湾の西側の湾口に、三角形に張り出した辺野古崎があります。ここに、海兵隊基地キャンプ・シュワブの兵舎地区の施設と、辺野古弾薬庫が広がっています。新基地（「普天間飛行場代替施設」）は、キャンプ・シュワブの兵舎等の施設の多くを移設した上で土地をならし、さらに、辺野古崎のまわりを大規模に埋め立てて、造成された土地に建設されます。新基地の面積は204・8haです。

そこに1200m（両端のオーバーランも使用して実質1800m）の滑走路を、V字に2本つくります。また、飛行場支援施設、格納庫、駐機場、整備場、燃料施設などもつくります。さらに、普天間基地にない機能として、弾薬搭載エリア、大型の強襲揚陸艦が接岸可能な長さ272mの護岸、航空燃料用タンカーが接岸可能な桟橋も建設します。新基地はまた、弾薬庫や訓練場に隣接しています（25ページ図）。

普天間基地が現状で480haですので、新基地は、面積ではより小さくなります。しかし、機能面ではこのように大幅な強化が見込まれます。さらに、普天間基地に飛来している大型輸送機や、普天間基地にある兵舎等の施設は、新基地でも引き続き必要でしょう。また、東村高江などの訓練場や嘉手納基地・那覇空港と新基地との航空機の往来、新基地外区域への兵舎の建設など、広範な問題も派生してきます。

新基地は、70年使用、200年耐用という設定で計画されています。ここにMV22オスプレイ、CH53大型輸送ヘリ、輸送機などが配備されるほか、岩国基地（山口県）などに配備されるP8哨戒機やF35戦闘機、空中給油機なども、日常的に運用されることになるでしょう。

どんな目的でこんな大規模な基地が構想されたのでしょうか?

普天間基地返還と「代替施設」建設は、１９９６年に日米両政府が合意し、１９９７年に辺野古が選定されています。しかし、辺野古の新基地案は、当初の撤去可能な「海上へリポート」、時限使用の「軍民共用空港」と変遷し、その後、現行案が登場しました。その最大の特徴は軍事専用の恒久基地だということです。

２００５年10月に日米両政府は、日米安全保障協議委員会（通称「２＋２閣僚会合」）で「日米同盟：未来のための変革と再編」を発表し、さらに翌年、「再編実施のための日米のロードマップ」を発表しました。「ロードマップ」には、現行の新基地を含む沖縄基地再編と、グアムへの基地建設・部隊移転が盛り込まれています。また、辺野古新基地計画は、横須賀軍港への原子力空母ジョージ・ワシントンの配備、座間基地の陸軍司令部・横田基地の空軍司令部機能の自衛隊との一体化（米海軍と海上自衛隊は横須賀ですでに一体化ずみ）、弾道ミサイル防衛部隊の配備（嘉手納基地のＰＡＣ３部隊など）などと一体のものです。

「日米同盟：未来のための変革と再編」では、「日米同盟」「共通の戦略目標」「世界における課題に対処」など、日米安保体制が世界規模の軍事同盟であることを宣言しています。そのために「米海兵隊兵力のプレゼンス」の維持、すなわち「航空、陸、後方支援及び司令部組織」が連携して定期的な訓練、演習および作戦を行うことが必須だとして、辺野古新基地を含む沖縄・グアムの基地再編を決定したのです。

ですから、「沖縄県民の負担軽減」を一応は建前としながら、「基地の縮小撤去」ではなく、「海兵隊の基地・部隊の維持と再編強化」「日米の軍事的一体化」のために新基地計画がつくられたのです。当然大規模な計画になりましたし、集団的自衛権の行使容認などともつながった政策なのです。

どのくらいの規模の基地を造成しようとしているのでしょうか？

発表されている新基地の面積は２０４・８haです。このうち、埋め立てて造成する土地面積は１５２・５haです。また、これとは別に、作業ヤードのために４・６haを埋め立てます（↓2ページ地図）。

新基地の地盤の高さは、水面から約10ｍもあります。つまり、海上から3階建てビル相当の高さで飛行場がそびえていることになります。まさに海上の要塞です。辺野古崎の南側（辺野古集落や漁港がある側）はサンゴ礁域の浅い海ですが、北側（大浦湾側）は断層がつくった崖ですから、水深は大変深いのです。だからこそ、強襲揚陸艦やタンカーが入ることができ、埠頭が計画されているのです。

結果として、新基地建設に使用する埋立土砂の量は、２１００万㎥という膨大な量です。４００万㎥は、新基地周辺の陸上から採取します。また、沖縄島周辺から60万㎥採取します。残る１６４０万㎥は、沖縄、九州、瀬戸内周辺から搬入するとしていますが、どこからどれだけ調達するかも定かでありません。土砂の量について、名護市の広報資料では、日本ハム球団がキャンプで室内練習場に使用している同市の「あけみおＳＫＹドーム」２８４杯分にもなるとしています。

結局、新基地用地の4分の3は埋立てで新たに造成されるのです。一方、陸上の予定地は傾斜地で、兵舎や軍用車の整備施設などが建ち並んでいました。ですから、陸上部分も大規模な土地造成を要する上、既存施設の移転、埋め立て土砂採取などのために、大規模な地形の改変や開発・建築工事を伴うのです。

新基地計画は既存のキャンプ・シュワブの敷地・基地水域内に造成されるものですが、その規模からも機能面からも、全く新しい巨大基地が姿を現すのです。

新・新ガイドラインのもとで辺野古新基地はどういう位置づけでしょうか？

「日米防衛協力のための指針」、通称「ガイドライン」は１９７８年に初めて策定され、１９９７年に「新ガイドライン」が策定されました。これは、１９９５年の日米安保共同宣言と１９９６年の沖縄基地再編を決めた「ＳＡＣＯ最終報告」に対応するもので、「戦争マニュアル」と広く呼ばれました。

２０１３年からその改定作業が始まり、２０１５年４月に「新・新ガイドライン」が「２＋２閣僚会合」で了承されました。自衛隊と米軍の「施設の共同使用」「共同訓練・演習」、米軍のＭＶ22オスプレイ・Ｐ８哨戒機・Ｆ35Ｂ戦闘機配備への対応が、改定の目玉でした。また、海兵隊の作戦行動範囲と柔軟な配置を飛躍的に高めるとして、２０１２年に始まった普天間基地へのオスプレイ配備を拡大推進する改定でした。

新・新ガイドラインでは、「強化された同盟内の調整」「共同計画の策定」として自衛隊の米軍への一体化、「日本の平和及び安全の切れ目のない確保」として安保法制化、「島嶼防衛」「弾道ミサイル防衛」「サイバー空間、宇宙における協力」など日本の新たな軍事的負担が明記されます。これに対応して、日本政府は自衛隊がオスプレイ、水陸両用戦車、強襲揚陸艦などを配備することを決めました。

新・新ガイドラインは、米国にあっては、国内の海兵隊不要論に対抗して、日本の財政負担のもとで海兵隊を存続させる政策であり、日本にあっては、中国との軍事的対決や、米国の行う戦争への自衛隊の参戦を指向する政策といえます。辺野古新基地と配備されるオスプレイや海兵隊部隊は、日米一体の同盟態勢の要と位置づけられました。さらに、自衛隊が辺野古新基地を新たに共同使用する道が敷かれました。

Episode-1

15年限定・軍民共用・浮体構造だったのが巨大基地へ

1995年夏、キャンプ・ハンセン所属の海兵隊と海軍の兵士3人が、女子小学生を拉致暴行する事件が起こります。沖縄県民は、沖縄、宮古、石垣各地で開かれた10・21総決起大会に総勢9万1000人が集って抗議しました。同年秋の日米首脳会談は1996年春に延期され、ここで「日米安全保障共同宣言―21世紀に向けての同盟―」が発表され、日米安保が「地球的規模」に拡大されました。同時に普天間「移設」を含む沖縄基地再編策の検討が始まったのですから、「普天間飛行場代替施設」は、最初から日米安保再編とリンクしていたのです。

1996年末に決定された代替施設は滑走路長1300mの海上施設で、撤去可能な一時的施設とされました。このような海上基地案でも、翌年末の名護市住民投票では建設反対が多数でした。

1999年には、軍民共用空港とすること、軍使用に15年期限を付けることを条件に、稲嶺知事が辺野古沿岸への移設を受けいれました。政府はこれを「尊重」するとして、2002年に埋立てにより滑走路長2000mの空港をつくる基本計画が策定されました。これにも県民は強く反対しました。2004年夏には、普天間に移駐していたCH-53D大型ヘリが沖縄国際大学構内に墜落炎上し、現場が米軍に占拠される異常事態が発生し、移設計画は頓挫します(→36ページ)。

事態を打開すべく、日米両政府は2005年に辺野古陸上部と埋立てを組み合わせた軍事専用空港案を打ち出します。15年使用期限も外し、滑走路も2本とした現行案で、翌年に日米両政府は合意しました。

こうして、辺野古新基地案は巨大化・恒久化・軍事専用化しました。しかも、日本政府は、日本の国家予算でグアムに新基地をつくることまで約束してしまいました。これでは沖縄から永久に基地はなくならない、次世代に禍根を残す、として、県内の保守派も反発し、「オール沖縄」が誕生していったのです。

Q2 新基地建設で周辺地域にどんな影響があるのでしょうか？

辺野古新基地全体構想図

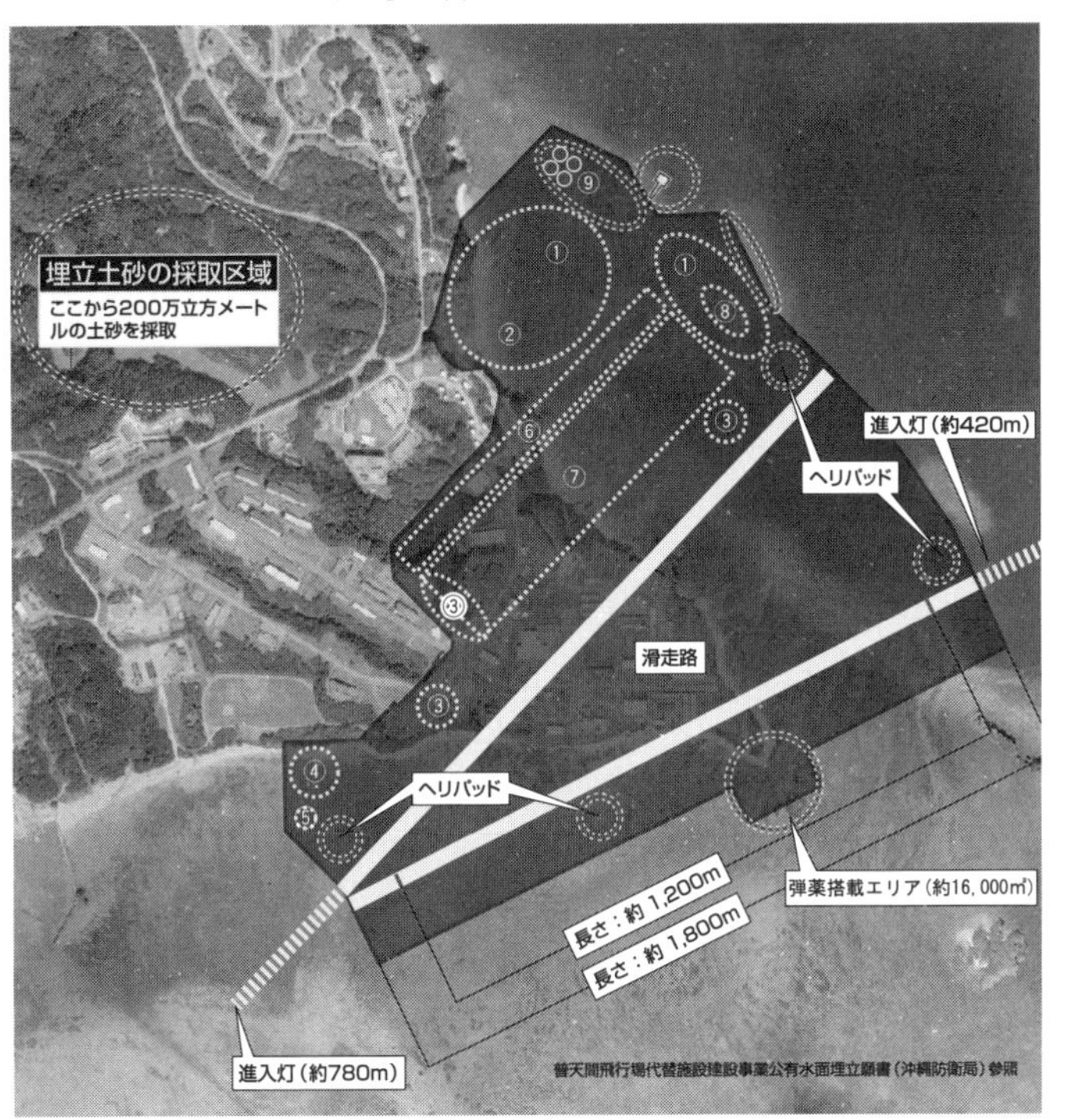

名護市広報渉外課基地対策係提供

上の図は、辺野古基地の全体構想図です。下の写真は、2016年1月現在の大浦湾。オイルフェンスが張られているのがわかります。この海が、完成後巨大なアメリカ海兵隊の基地となり、日本の「重要影響事態」の際に、世界への出撃拠点となるのです。

大浦湾のサンゴ礁はどうなりますか？

大浦湾には巨大なアオサンゴ群集があります。直径2mもの塊状ハマサンゴや、ユビエダハマサンゴの群集など、壮麗なサンゴの海中宮殿が見られます。生物多様性も極めて高く、『大浦湾の生きものたち』（南方新社、2015年）には造礁サンゴ（浅い海に住み、岩に固着してサンゴ礁をつくるサンゴ）だけで57属が紹介されています。辺野古をはじめ沖縄の遠浅の海は、岸辺から沖まで、サンゴという生物が長い時間をかけてつくり出した地形なのです。浜の白砂はサンゴのかけら。浅い海は礁池（イノー）と言い、造礁サンゴによってサンゴ礁が沖合に拡大して形成されたものです。その先端がリーフで、生きたサンゴが集中しています。その先は急に深さを増し、強い潮流と荒波を受けて、イノーとは違う生物が暮らします。

荒波は沖合のリーフで砕けるので、静かで浅いイノーには海草藻場ができます。ジュゴンの餌場となる海の畑です。また、海岸までに海風の塩分は低下し、緑濃い海岸林が岸辺を覆います。河口にはマングローブ林ができ、海に注ぐ泥や養分を一時的に抱き留めて、海草やサンゴに適した澄んだ水環境をつくります。

これがサンゴを基盤にする生態系です。河川水の流入、海流や潮汐、台風などの気象と、絶妙のバランスを取って成り立っています。辺野古の海を157ha も埋め立てて、高さ10mもの陸地を出現させたら、大浦湾と辺野古海域全体の海や風の流れが激変します。すると、海水の温度や透明度も変わり、海底や海岸・河口の土砂の浸食や堆積の仕方も変わるので、もともとある生態系は維持できません。

辺野古崎の大浦湾側は断層の崖で、外洋につながる深い海になっています。ここの埋立地には高波が激しく当たり、周辺の海の流れは一変し、潮風は陸上に強い塩分を運ぶでしょう。陸域にも影響は甚大です。

ジュゴンはどうなるのでしょうか？

『ジュゴンのはなし』（沖縄県、２００８年）によると、ジュゴンは海産ほ乳類で、アラビア海からインド洋、太平洋に計10万頭ほど生息します。その７割はオーストラリア・パプアニューギニアに生息します。日本では奄美大島まで生息していましたが、奄美や八重山諸島では絶滅したと考えられ、近年では沖縄島周辺でしか目撃されていません。寿命は70歳くらいで、メスの成体は３・７年に１回出産するとされます。泳力は強く、数百kmを移動した例があるといいます。ジュゴンの食物はもっぱら海草（花が咲き種子ができる、陸上植物の仲間）で、自分の体重（２５０〜４００kg）の10％もの海草を毎日食べます。

沖縄のジュゴンは、世界の分布域の東側の北限の集団です。沖縄島と他の分布域との距離を考えると、沖縄のジュゴンは孤立した集団と思われ、かけがえがありません。草食動物の例外に漏れず、ジュゴンも大食漢です。すると、沖縄島東海岸の国頭村沖から、大浦湾・辺野古、金武湾、勝連半島、泡瀬にかけて広がる海草藻場群が、ジュゴンの生息域の核心部です。

泡瀬干潟では埋立事業で海草藻場の環境が悪化しています。勝連半島周辺・大浦湾は、キャンプ・コートニー、天願桟橋、ホワイトビーチ軍港、浮原島訓練場、ブルービーチ訓練場、レッドビーチ訓練場、キャンプ・シュワブ基地水域と、まさに海兵隊と揚陸艦隊の海です。辺野古や大浦湾などは、環境省が「日本の重要湿地」に指定していますが、新基地建設により、海域の環境変化、航空機や水陸両用車・上陸用舟艇による騒音・振動、油脂など化学物質の流出汚染などで、藻場の環境が損なわれたり、ジュゴンが追い払われたりすることが予想されます。そのとき、沖縄のジュゴンには逃げ場がないのです。

文化財や遺跡はどうなるのでしょうか?

キャンプ・シュワブ内には、遺跡や遺物散布地（土器・石器などが地上に散乱した場所）が過去に見つかっています。作業用車両が利用する仮設道路については、名護市が文化財調査を２０１５年６月から行っており、これが終了するまでは着工できません。ところが、政府は同年10月に埋立事業の本体工事に着工したと宣言し、中谷防衛大臣は仮設道路から着手する考えを示しました。まさに、法令無視です。

辺野古崎の大浦湾側、仮設岸壁の予定域付近では、名護市教育委員会が２０１５年２月に、琉球王朝時代に船舶のいかりを沈める重りとして使われた「碇石」を発見、同年６月に県教育委員会が文化財と認定しました。その後も周辺で土器などが出土しました。２０１６年１月に市教委は、碇石や出土石器・土器17点が文化財とされた辺野古崎沿岸部と陸上部を、遺物散布地と認定するよう県教委に申請しました。

もし、遺跡や遺物散布地に認定されれば、文化財保護法に基づき本格的な調査を行う必要が生じます。当然、国の埋立事業の進展に影響しますが、これはどんな公共事業でも当然の手続です。しかも、地上戦で県土が広範に激しく破壊された沖縄島にあっては、現存する遺跡は他の地域以上に貴重なのです。

しかし、ここで懸念されるのは、埋立承認書の留意事項では、沖縄防衛局は工事の実施設計および工事中の環境保全対策に関して県と事前協議をすることとされています（→56ページ）が、国が協議を行わずに埋立てを着工したことです。県は留意事項を守るよう国に通知しましたが、国は応じていません。公有水面埋立法に基づく手続を守らないならば、文化財保護法をも守らない可能性があります。一度、国が法令遵守から外れると、いかなる暴走も想定される事態となりますから、和解後の国の姿勢が問われます。

辺野古周辺への影響だけ考えればいいのでしょうか？

埋立ての影響は、ジュゴンやウミガメ、埋められた海草やサンゴだけが受けるのではなく、辺野古・大浦湾全体に及びます（→26〜27ページ）。さらに、燃料油などによる海洋汚染事故は、東村慶佐次（げさし）、名護市大浦、金武町億首（うっくび）などのマングローブ林をはじめ、広範囲の海岸や河口の植生にも脅威です。また、極めて良好な辺野古海域の環境が損なわれることは、サンゴや海草藻類・魚介類の繁殖環境の喪失を意味しますから、広い海域の生態系・漁業資源への悪影響が懸念されます。環境劣化に敏感な生物種は、状態のよい海域にだけ生き残っていますから、辺野古の海の死は、希少な生物の地域個体群を絶滅させ、将来の沖縄全体の環境修復の可能性をも閉ざすおそれがあります。

造成地には飛行場が建設され、軍用機が発着します。すると、飛行経路下や目的地周辺の自然や住民への影響があります。沖縄島北部（やんばる）の森には北部訓練場（ジャングル戦闘訓練センター）があり、西海岸の伊江島にも海兵隊の訓練場があります。やんばるの広範な地域に辺野古新基地の影響は及びます。やんばるの森は世界的な生物多様性のホットスポットであり、国立公園化が決まっており、世界自然遺産登録も予定されています。ところが、国も認める貴重な自然環境への軍用機の影響について、国は事業に際して調査もしていません。住民の生活や、地場産業、地域文化への影響も調べていません（→46〜51ページ）。

沖縄島の米軍基地の多数は海兵隊施設です。新・新ガイドラインに基づいて辺野古新基地が運用されれば、海兵隊の部隊や活動は強化され、基地や訓練場、訓練空水域の使用は激化しますし、自衛隊の共同使用も予想されます。これは、沖縄全体、そして岩国など本土の基地周辺にも及ぶ問題なのです。

Episode-2

辺野古の基地をめぐる利権の構造

辺野古新基地の建設事業は、3500億円ともされる巨大公共事業です。この受注をめぐって、本土企業も沖縄県内の企業も互いに激しく競い合っているのは言うまでもありません。

1997年に日米両政府が最初に示した代替施設の3案は、いずれもハイテクを駆使するもので、本土の大企業しか受注できないものでした。これを、高度な技術や特殊な機材を使わなくても可能な、埋立てなどの工法に変えれば、沖縄県内の中小企業もＪＶ（共同企業体）や下請けに参加できる可能性が出てきます。国が地元企業を新基地建設賛成に誘導するために、本来基地機能や環境保全上望ましくない計画を立案したり、あるいは逆に、地元企業の側が政府与党に対してそれを要求したりすることもあり得ます。また、埋立用土砂の調達にも、強い利権のぶつかり合いがあります。

新基地現行案は、大規模な陸上地形改変と広大な浅海域の埋立てを伴う、環境負荷が極めて大きな計画です。1997年当初案より極度に肥大化した計画が、純粋に軍事上の必要から生まれたのか疑問です。

新基地建設には、基地と引き替えの沖縄振興策が随伴します。そもそも、1997年の名護市住民投票において、「基地建設反対」と対になった選択肢は「環境対策や経済効果が期待できるので賛成」でした。その後、移設推進のため、沖縄島全体で「沖縄米軍基地所在市町村活性化特別事業」が1997年から計1000億円投じられ、別に、沖縄島北部に投下される「北部振興事業対策費」が2000年から10年間で計1000億円つきました。2011年以降も「北部活性化振興事業」、「新たな北部振興事業」が毎年数十億円規模で予算措置されています。しかし、これだけの莫大な国費を投じているのに、それは県民経済を潤してはいないのです。

Q*3

辺野古に新基地をつくれなかったら普天間基地は固定化するといわれていますが、ほんとうですか？

普天間基地に配備されたMV22オスプレイ（2014年3月）

辺野古で建設されている基地は、アメリカのラムズフェルド国防長官（当時）すらも「世界一危険な基地」と認めた基地の危険軽減のために「移設する」ものと、安倍政権筋からいわれています。

では、その危険な基地をなぜ再び沖縄につくるのでしょうか。また、基地被害の元凶とされる日米地位協定を、政府はなぜ決して改正しないのでしょうか。それは、米軍の特権・基地の自由使用を維持するために沖縄を狙い打ちにする、政府の「構造的差別」だと、沖縄県民は感じます。

「軍隊は住民を守らない」が沖縄戦の痛苦の教訓。しかし、基地が日本を守るものだとしても、沖縄県民に重い基地負担や出撃地となる痛みを押しつけ続ける政策は、公平・公正でしょうか？

翁長知事からの問いに安倍首相はどう答えたのですか?

２０１４年12月に翁長県知事就任後、安倍首相は会談に応じず、２０１５年4月17日に初めて面談します。この席で知事は、「沖縄は自ら基地を提供したことは一度もありません」、「自ら土地を奪っておきながら、老朽化したから、世界一危険だから沖縄が負担しろ、イヤなら代替案を出せと言われる、こんな理不尽なことはありません」と迫りました。そして、日米の首脳が普天間基地の危険性を認めていることを指摘した上で「辺野古基地ができない場合、本当に普天間基地は固定化されるのかお聞かせ願いたい」と尋ねました。

辺野古新基地の建設は普天間基地を撤去するためだと政府はいいます。しかし、新基地をつくれなければ普天間が固定化してもやむを得ないのなら、それは、沖縄県民が危険なままでもよいと政府が判断していることを意味します。つまり、国民の生命財産の保障（これこそ「安全保障」です）よりも、米海兵隊が沖縄で航空基地を運用し続けることの方が重要であることを意味します。この直球の質問に、安倍首相は答えませんでした。

一方、日本政府は佐賀県に佐賀空港へのオスプレイ配備を２０１４年に打診します。これを佐賀県議会と知事が拒否すると、政府は民意を尊重して、あっさりと米軍のオスプレイ配備については翌年に要請を撤回しました。「沖縄と本土は同じ日本ではないのではないか」という疑問を、当然沖縄県民はもちます。

翁長知事は、日米両政府に対して「国民の自由、平等、人権、民主主義を守れない国がどうして世界の国々と価値観を共有できるのか」と重ねて問うています。このように知事に問われても、いやしくも一国の首相が正面から答えないということを、私たちは直視しなければならないでしょう。

普天間基地ってどんな基地でしょうか？

海兵隊基地には普通「キャンプ」の名前が付けられます。これは、前進配置された部隊の一時的な駐留場所であることを示します。在沖海兵隊の「キャンプ」は、実際は恒久基地ですが、この名称は外征専門の「殴り込み部隊」としての海兵隊の性格を誇示するものです。海兵隊は日本の国土防衛には寄与しません。

一方、普天間基地は Air Station です。station＝根拠地という名称は、岩国と普天間、すなわち航空基地にしか付きません。第三海兵遠征軍は沖縄に司令部と主要基地・部隊を置き、岩国基地とハワイ・カネオへ湾に従たる基地を置く部隊です。普天間基地は、第三海兵遠征軍の「根拠地」と位置づけられた基地なのです。

海兵隊は敵地への侵攻上陸を任務とし、少人数・軽装で柔軟に展開するのが闘いの基本です。その兵員を運ぶのは、航空機と船です。航空機については海兵隊自身が保有しています。輸送船は海軍が保有しており、沖縄の海兵隊を運ぶのは佐世保の強襲揚陸艦隊です。

海兵隊が大規模な戦争に参加するには、米国本土から多数のヘリを大型輸送機で空輸する必要があり、普天間に２７４０ｍもの滑走路をつくりました。佐世保の揚陸艦はホワイト・ビーチ軍港で沖縄の地上部隊・装備と航空機をのせて出撃していきます。しかし、今では重い装備や兵員は高速チャーター船で現地近くまで輸送されますし、オスプレイは空中給油により数千キロ飛行可能です。ですから、今も普天間基地は確かに中核ですが、軍事上、もはや海兵隊出撃の「集合場所」が沖縄である必然性はありません。

沖縄に海兵隊が駐留する根本的な理由は、日本に駐留することで潤沢な財政支援が受けられること、そして、日本でほかに基地を受けいれる場所などないことです。ここに海兵隊問題、普天間問題の本質があります。

どういう経緯で普天間基地移設計画が出されたのでしょうか?

沖縄県民にとっては、1995年の海兵隊員らによる少女暴行事件が契機です。兵士が所属するキャンプ・ハンセンの撤去ではなく、普天間基地の撤去が要求されたのは、在沖海兵隊の中核基地である(↓33ページ)上、県都・那覇の北隣の人口密集地に墜落の危険と激しい爆音被害をもたらし、土地利用や産業の発展を阻害しているためです。事件当時はちょうど、米軍基地への土地提供を拒否する地主の土地の強制収用が審理される時期でした(↓40ページ)。そのため、基地の将来は県民の強い関心事となりました。

一方、沖縄の世論を知った米国も対応に乗り出します。ちょうど、冷戦後・湾岸戦争後の米軍再編が始まっていました。米国は、欧州で駐留規模を縮小し、遅れて在韓米軍も縮小します。一方で、在日米軍は維持強化し、日本により重い軍事負担を求める方針を確立していきます。目指したのは、米国が唯一の超大国となり、世界市場が誕生したもとで、米国の国益にかなう軍事態勢への転換でした。こうして、沖縄の米軍基地再編が推進され、普天間基地の辺野古「移設」も、その一環として計画されてきたのです。

米国の知日派は、普天間基地のリスクも認識していました。在外米軍は縮小を続け、いまや日本は米軍最大の駐留国です(↓38ページ)。日本は在日米軍に7250億円(2015年度、一部前年度予算)もの財政負担をし、基地の自由使用や、地位協定と「密約」による特権的地位も認めています。これらは米軍の世界戦略に不可欠ですが、在日米軍のうち海兵隊、空軍、兵たん関係は沖縄の基地に依存しています。普天間基地の事故で県民が犠牲になれば、基地撤去・安保破棄の激動が起こり、米国がかけがえのない基地、カネ、地位を失うと考え、移設を推進したのです。

辺野古に基地をつくらないと、普天間基地はどうなりますか?

普天間基地は、滑走路が長く、高台で潮風を直接受けないので、飛行場としての基本条件は辺野古に勝ります。海兵隊としては、弾薬庫と埠頭は、従来どおり嘉手納基地・嘉手納弾薬庫とホワイト・ビーチ軍港や那覇軍港を使えばよいので、普天間基地が存続しても機能面では困りませんが、住民の監視と返還運動に常にさらされ、重大事故を起こせば即アウトというリスクを負い続けることになります。

一方、辺野古新基地をつくらずに普天間基地を撤去したらどうなるでしょうか。そんな大英断をしたら、沖縄県民は日米両政府への評価を一気に高めるでしょう。同時に、70年を経て「動かぬ山を動かす」経験をした沖縄県民は、日米地位協定の抜本改定や、県内基地の縮小撤去を、堂々と求めていくことでしょう。

また、海兵隊の専用航空基地が県内になくなると、海兵隊陸上部隊を軍事作戦に急派しにくくなります（有事には嘉手納基地もフル稼働します）。すると、海兵隊基地を沖縄に置く理由が失われます。実は、沖縄県民負担の軽減と称して、空中給油機など普天間基地の所属機の一部が岩国基地に移転済みです。イラク戦争とアフガニスタン戦争当時は、所属機のローテーション派遣により、普天間基地がもぬけの殻になったこともあります。こうして、「普天間基地所属機が移転しても困らない」実績を重ねてしまっています。

さらに、新・新ガイドラインや２０１４年制定の中期防衛力整備計画で、自衛隊は九州・沖縄で増強され、海兵隊と同じ装備を調達し、共同訓練します。自衛隊のオスプレイが沖縄でも運用され、騒音被害も激化します。「離島防衛や地域の抑止力と言って自衛隊をもってきたのに、なぜ海兵隊も存続するのか。いらないではないか」という声が高まるでしょう。普天間基地の存続も日米同盟の強化も、袋小路にあるのです。

Episode-3

沖縄国際大学米軍ヘリ墜落事件の真相

2004年8月13日、普天間基地に隣接する沖縄国際大学に米軍大型ヘリCH-53Dが墜落しました。消火活動を地域の消防に、現場警備を県警に行わせ、米軍は現場を占拠します。沖縄県内は騒然としましたが、本土の全国紙が出した号外は「ナベツネ巨人辞任」、テレビのトップニュースは「アテネ五輪開幕」で、墜落事故は雑報扱いでした。

墜落機は、揚陸艦に搭載されてイラクに向かう前の試験飛行中でした。墜落機は、整備不良のため琉球大学上空あたりですでに異常な飛行状態にあり、空中分解して宜野湾市我如古(がねこ)公民館横に機体後部が落下、制御不能に陥って沖国大本館横に墜落しました。当時はイラク戦争のさなかで、超過勤務が続いて、整備兵は正常な作業ができない状態にあったのです。

ところが、22日には、事故原因を明らかにしないまま、事故機と同型の6機が普天間基地を離陸し、沖縄島を横断して、ホワイトビーチ軍港を出港していた佐世保基地所属の強襲揚陸艦エセックスに着艦し、キャンプ・ハンセンの第31海兵遠征団とともに、イラクに派遣されたのです。

Q*4 そもそもなぜ沖縄で基地が問題になったのでしょうか？

沖縄には在日米軍基地の大半が集中しています。しかし、その過程に県民は一切関与していません。１９４４年に日本軍が地上戦に備えた基地を民間地に建設しました。地上戦で米軍は日本軍の基地を奪い、占領した土地に自在に駐留しました。戦後、米軍政府は「銃剣とブルドーザー」で民間の土地をさらに奪いました。１９７２年の復帰時には、日本政府が土地を収用して米軍基地が存続しました。いつも沖縄県民は、なすすべもありませんでした。

しかし、１９９５年に起こった3人の米兵による少女暴行事件をきっかけに、沖縄県民の大きな怒りは、県ぐるみ、島ぐるみの「基地をなくせ」の要求へと結実していったのです。

沖縄にどれくらい基地が押しつけられているのでしょうか？

沖縄県の土地面積は２２７６㎢で全国の０・６％、人口は１４２万人で全国の１・１％です。ここに米軍基地が33施設・区域、総面積２３１㎢あり、県土の10・２％、沖縄島では18・４％になります（うち浮原島訓練場のみ自衛隊との共用施設）。また、海に面した基地には、基地水域が指定されています。辺野古新基地の埋立海域は基地水域内にあるので、日米両政府は新基地ではないと言っているのです。主要な部隊・施設は、第三海兵遠征軍の司令部・主要部隊・訓練場、空軍第18航空団、野戦病院センターや兵たん、通信などの後方支援基地群です。

海上には、訓練水域が28区域５万５０００㎢、訓練空域が20区域９万５０００㎢あり、これは日本の陸地の４割に相当する広さです。訓練の際にはさらに臨時の空水域が設定されます。

兵力では、在日米軍約５万人の半数の２万５０００人が沖縄に駐留しています。海外配置の米軍兵力は合計16万４０００人で、日本以外ではドイツ４万人、韓国２万８５００人、イタリア・英国各１万人です（２０１３年末）。日本・沖縄への依存の強さが分かります。また、在沖縄自衛隊の兵員６６００人・基地面積６・８㎢と比べても、米軍の突出ぶりは明らかです。

沖縄に駐留する主要部隊と施設・兵員数

海兵隊	14 施設	1,5365 人	第三海兵遠征軍司令部、航空部隊、地上部隊、兵たん部隊
空　軍	6 施設	6,772 人	第 18 航空団、特殊戦部隊、輸送隊、偵察隊、情報隊など
海　軍	5 施設	3,199 人	水陸両用部隊、海軍病院、哨戒部隊など
陸　軍	4 施設	1,547 人	PAC-3 部隊、特殊部隊、輸送部隊、通信部隊など
（共用その他 4 施設）			

戦世(いくさゆ)から、アメリカ世(ゆ)、そしてヤマトゥ世(ゆ)へ

１９４５年の沖縄戦は、サイパン玉砕を受け、住民を巻き込んだ時間稼ぎのゲリラ戦として日本軍が準備したものです。そのための基地は、１９４４年に民間地を接収し住民動員で建設されました。米軍は上陸後、日本軍の基地を奪って拡張し、また、新たな陣地も構築して沖縄戦や本土空襲を進めます。その土地は戦後も返還されず、１９５０年度からは「銃剣とブルドーザー」による新たな土地接収・基地建設が始まります。

１９５２年のサンフランシスコ講和条約締結後、民間の土地の占領は明らかに国際条約違反ですが、沖縄は米軍の一部局である琉球列島米国民政府が統治し、米国軍人である民政長官（後に高等弁務官）の意のままにされました。「太平洋の要石(かなめいし)」沖縄の基地群は、法の支配から外れた戦争と軍政の産物なのです。

米日両国の憲法が適用されず、無権利状態に置かれた「琉球諸島」民は、１９５０年代の土地闘争、１９６０年代の復帰闘争をへて、１９７２年に復帰を果たします。しかし、米国は施政権返還後も基地とその自由使用を確保しました。基地使用については佐藤首相が「密約」を結びました。私有地を奪って建設された基地用地は、沖縄復帰前に制定された公用地暫定使用法により日本政府が米国にそのまま提供しました。同法の期限が切れた後も、地籍明確化法、駐留軍用地特措法により、土地提供が続いています。

翁長知事は、安倍首相などに対して普天間基地問題を沖縄戦から説き起こし、「私たち県民の思いとは全く別に強制接収された」と指摘しています。「オール沖縄」の担い手が、口々に「次世代に基地と戦争を残してはならない」「沖縄戦の生き残りの務めだ」と言います。これは単なるレトリックや感情論ではなく、沖縄の軍用地問題の起源と本質を突くものです。

少女暴行事件—大田知事の代理署名拒否—

1972年の復帰後、米軍基地用地は日本政府が取得して米国に提供しています。復帰時に日本政府との契約を拒否した地主の土地は、公用地暫定使用法により強制使用され、同法の期限が切れる1982年に5年間、さらに1987年に10年間の強制使用を、駐留軍用地特措法に基づき県収用委員会が裁決しました。一方、復帰時に契約された土地は、民法上20年後に再契約が必要となります。1992年に再契約を拒否する地主が現れ、同様に5年間の強制使用が裁決されました。

結果的に、1997年に両方のケースの土地収用が必要となりました。その渦中の1995年に少女暴行事件が発生したのです。10月21日の県民総決起大会は、「米軍人の綱紀粛正と軍人軍属の犯罪根絶」「被害者への謝罪と完全補償」「日米地位協定の早期見直し」「基地の整理縮小促進」の4点を要求しました。基地被害を解消するには、地位協定の抜本改定など米軍の特権の見直しと、基地の整理縮小（日米安保支持の保守勢力も参加しているので全面撤去を主張しなかった）が不可欠だというのが、県民の共通認識でした。

沖縄戦で学徒隊に動員されて多数の同級生を失った大田知事は、沖縄戦以来の沖縄の苦難と、現在の住民の生命財産・人権を考慮して、土地収用手続である代理署名を拒否しました。その結果、知事は村山首相から訴訟を提起されました。その裁判で沖縄県は、永年の県民の苦難を訴えるだけでなく、土地提供で「米軍の軍事行動・軍事介人による他国や他民族への抑圧と威嚇、世界平和への脅威の源、発信地となっている沖縄基地のもつ加害者的役割を、引続き沖縄が担わされること」を拒否するとの、出色の主張をしました。

しかし、1997年に、米軍用地を首相権限で使用できるよう特措法が改正されました（→**86ページ**）。

「建白書」によるオール沖縄—翁長雄志知事の誕生—

２００７年3月、文科省は高校歴史教科書検定で、沖縄戦での住民「集団自決」への日本軍の強制の記述を削除修正させました。露骨な侵略戦争美化、歴史修正主義として、強い批判が起こりました。しかし、沖縄ではこれは「歴史」の問題ではありません。沖縄戦を体験した世代は、生き残ったことに罪悪感さえ覚えて暮らしてきました。なかでも最もおぞましい記憶をもつのが、家族を手にかけた「集団自決」現場の生存者です。それを強制でなかったなどと国が記述させるのは、県民の苦難を否定するに等しいものでした。

これに抗議して、保革を超えた広範な団体が県民大会を組織し、復帰後最多の11万人余が集まります。これを機に保守層が新基地建設反対に踏み出します。２００８年に県議会が初めて賛成多数で辺野古反対を決議。２００９年「少なくとも県外移設」を訴えた民主党の総選挙圧勝をへて、２０１０年には名護市に新基地反対の稲嶺市政が誕生、県議会が全会一致で県内移設反対を決議、県民大会に仲井眞知事も出席します。

２０１２年には、普天間基地にオスプレイがついに配備されます。これに反対し、県議会全会派、県下全自治体、財界・女性・労働団体等を結集した「9・9県民大会」が開催され、その実行委員会は翌年1月に「建白書」（→92ページ）をもって政府要請を行いました。ここに保革を超えた「オール沖縄」が成立します。

自民党は２０１３年11月に同党沖縄県連に「県内移設反対」を変更させ、県選出国会議員を並べて石破幹事長が記者会見します。年末には、仲井眞知事が公約を翻して辺野古埋立てを承認、振興策に満足の意を表します。これらをみた沖縄県民は「平成の琉球処分」だと憤激し、稲嶺名護市長再選、翁長県政誕生、総選挙沖縄全選挙区で自民党候補落選と、「オール沖縄」へと怒濤のように傾斜していきました。

Episode-4

高度経済成長と沖縄・日本の軍事負担

日本の戦後の経済復興と高度経済成長は、朝鮮戦争とベトナム戦争に伴う米国からの需要にも依存していました。また、在日米軍部隊・基地も戦争遂行に利用されました。一方、日本国憲法や日米安保条約（条約の対象範囲は日本と極東）の制約から、戦後日本の軍事予算は低水準に抑えられました。

一方で、沖縄は1952年のサンフランシスコ講和条約で日本本土から切り離され、国連信託統治にも付されず、米軍の一部局である琉球列島米国民政府の支配下に置かれます。その結果、沖縄の米軍基地は、米国の思うままに運用されました。沖縄には核ミサイルが公然と配備されました。サリンやVXなどの化学兵器の最大の集積場にされました。水田に作物病原菌を散布するなど、生物兵器の試験も沖縄島で行われました。ベトナム北爆のためのB52の出撃地とされ、悪名高い枯葉剤作戦の薬剤輸送の拠点にもされました。本土との違いは明らかです。

沖縄に基地負担を負わせることで日本本土が経済成長に成功した側面は、見逃せません。しかし、日本本土もまた、ベトナム戦争の遂行に深く組み込まれていました。戦争遂行に必要な物資が、日本本土で調達されたり、米国本土から日本に輸送されました。横浜港（今も軍港地区があります）などから米軍の輸送船団で、沖縄経由で南ベトナムに航送されたのです。その乗組員は米国に雇用された日本人船員でした。

森を破壊し、今も奇形児をうむ原因となった枯葉剤は、米国政府の発注により外国企業も生産しました。オレンジ剤の中間原料の相当部分を日本の化学企業が生産していたこと、その副産物を林野庁が購入して国有林に散布していたことが、明らかになっています（ミシェル『追跡・沖縄の枯れ葉剤』高文研、2013年、原田和明『真相　日本の枯葉剤』五月書房、2013年）。本土も、決して軽くはない軍事負担をしていたのです。

第２章

辺野古埋立をめぐる沖縄県と国の攻防

「沖縄が日本に甘えているのでしょうか。
日本が沖縄に甘えているのでしょうか」（翁長）

三重大学准教授
前田　定孝

東海岸の浜辺は、サンゴをはじめ多くの海洋資源の宝庫
（泡瀬干潟、2014 年 3 月）

辺野古へ新基地建設をめぐり、沖縄県と日本政府が裁判で争いあう事態に至ったのは、仲井眞弘多前知事が沖縄防衛局に埋立承認を与えてしまったことに対し、翁長雄志現知事が法的に瑕疵があるとして承認を取り消したことがきっかけです。本章では、埋立承認の問題点や、翁長知事の対応策、これに対する日本政府の対応をみてみましょう。

当初、仲井眞県政は、「普天間飛行場代替施設建設事業に係る環境影響評価書に対する意見」のなかで、「環境の保全上重大な問題がある」ために、「地元の理解が得られない移設案を実現することは事実上不可能」としていました。この意見書では、知事意見1件、指摘事項25項目175件が付せられていました。

ところが、2013年12月27日に仲井眞知事は、埋立てを承認してしまいました。仲井眞知事と会談した安倍首相が、2021年度まで沖縄振興予算を毎年3000億円確保する、オスプレイ訓練の県外実施を検討するなどの約束をし、仲井眞知事がこれを「有史以来の予算」、「良い正月になる」と評価した2日後のことでした。

しかし、意見書に示された疑問が解消されたうえで、埋立承認はなされたのでしょうか。

辺野古弾薬庫

Q5 国の承認願書は公有水面埋立法からみて適切なのでしょうか？

名護市「米軍基地のこと、辺野古移設のこと」より

工場用地や道路等の設置のために事業者が海上に土地を造成する場合、事業者は都道府県知事に対して公有水面埋立法に基づき、その免許または承認を申請します。民間事業者等がする場合を「免許」申請といい、国がする場合を「承認」申請といいます。そこでは、同法4条1項の6つの要件を満たす必要があります。そのうち、第1号の「国土利用上適正かつ合理的なること」と、同2号の「其の埋立が環境保全及び災害防止に付き十分配慮せられたるものなること」という要件が重要です。はたして国が県知事に提出した「埋立承認願書」は、この基準に合致したのでしょうか。

辺野古新基地の建設は、ほんとうに「国土利用上適正かつ合理的」なのでしょうか？

「埋立による海域の消滅により、水質の悪化などは予測されていない」「埋立区域及びその周辺には古来からの景勝地はない」「キャンプ・シュワブ及び作業ヤード区域は、用途が指定されていない地域であり、（都市計画区域には）該当しない」「飛行場の供用に伴う大気、水質の予測結果は環境基準を満足している」。これで仲井眞知事の「承認書」に付された「内容審査」の一節です。

しかしながら、海面を埋立てる場合に、知事は、自然環境への影響ができるだけ発生しないように判断しなければなりません。それでも造るのであれば、精一杯その自然が別の形ででも残るような努力をするのが道理です。この点、『公有水面埋立実務ハンドブック』という参考書は、「日本三景等の古来からの景勝地における埋め立て、環境保全上重要な地域等における埋め立て、良好な住宅地の前面の工業用地造成目的の埋め立て」などといった「一般的基準からしても認めがたいものは本号により免許拒否がなされる」と解説します。しかし、辺野古・大浦湾の自然環境を考えると、「古来からの景勝地はない」と一刀両断するには疑問があります。仲井眞知事の承認処分の理由づけは、この問いに答えるものではなかったのです。

「普天間飛行場代替施設移設事業に係る公有水面埋立承認手続に関する第三者委員会」（第三者委員会）は、「（辺野古が）適切であることについて合理的根拠は認め難い」反面で、「本件埋立対象地の自然環境的価値について言えば、「当該事業は、一旦実施されると現況の自然への回復がほぼ不可能な不可逆性の高い埋立て」であり、「極めて保全の必要性」は高く、「その不利益は看過できない」と判断しました。

軍用の飛行場の騒音対策は民間空港の騒音対策と同じでよいのでしょうか？

辺野古に「24機のオスプレイが配備となれば騒音、低周波音による影響が心配です。この現状を踏まえて、それに対する予想や対策が示されていないのは不安です」との意見が、住民から寄せられています。

この点、沖縄県の海岸防災課の職員は、第三者委員会で、同時審査していた那覇空港の拡張埋立工事と同じ基準で審査し、民間航空機の数値を用いたと証言します。那覇空港は、軍民共用とはいっても民間空港です。これに対して辺野古基地は、純然たるアメリカ海兵隊の飛行場です。また、あのオスプレイも使用します。軍用機は、民間機と違って、ただ単純に決まったルートで離着陸するものではありません。日常的にランダムな離着陸をします。那覇空港のような民間飛行場とは「別の技術指針があるというようには私としては理解していませんでした」と、当時の担当者は述べます。これで軍用機の離着陸訓練に適切な判断ができるのでしょうか。疑問が出てきます。

職員も、オスプレイの飛行が、「県、市町村が指摘しているというようなことについては、把握して」いたとします。すでに稲嶺進名護市長からも、「久志区では年間９００回の航空機騒音を計測し、最大で94・1デシベルを記録しているというような意見を確かいただいていた」といいます。

当時、すでにハワイへのオスプレイ配備については、アメリカは国内法である国家環境政策法に基づくアセスメントを実施し、ウポル空港の近くにカメハメハ大王の遺跡があることなどから、地元の反対でそこを飛ばないことにしたということです。このことは、承認の1年4ヵ月前にはすでに沖縄県も承知していたのです。「ただ、そういったものを取り寄せて審査に反映させるということまではしていなかった」のです。

ジュゴンをはじめほんとうに生態系に配慮しているのでしょうか?

海洋の環境の保護の指標となるのは、そこに棲息する動植物の動向です。とくに、国指定の天然記念物でかつ絶滅危惧種（絶滅危惧ＩＡ類）であるジュゴンの個体群維持にとって、餌場と繁殖の環境の維持は欠かせないものです。この点、沖縄県は、3頭のジュゴンの動向のみを監視して承認の結論を出したといいます。第三者委員会から、「ジュゴン個体群の存続を図るには明らかにジュゴンの頭数を回復させる必要がある。3頭では少なすぎる」、「将来の例えば数十頭のために、ジュゴンの生育に適した環境を手つかずで保全することが不可欠だ」との疑問が出されました。これに対して職員は、「将来の回復に備えて残すべきだという議論があったかどうかは、……覚えておりません」と答えています（**56ページ**も参照）。

また、外部から持ち込む土砂も問題です。埋立てに利用される土砂を通じて昆虫その他の動植物が持ち込まれる危険があります。外来種が混入していた場合、辺野古の生態系のバランスを攪乱（かくらん）しないかどうかが問題です。アルゼンチンアリのような繁殖力の強い昆虫が在来種を駆逐することなど、実際はよくあることです。辺野古埋立てについては、第三者委員会の検証報告書によれば、「それまで沖縄県で、県外から大量の土砂を埋立土砂として持ち込むというような事例がなかった」ことから、「ほかの項目については審査が済んだけれども、そこがまだ済んでいなかった」とのことです。これでは、世界的に貴重な辺野古・大浦湾の生態系を保全する意思があるのかさえ疑われます。沖縄の亜熱帯島嶼生態系にとって、まったく生態系の違う場所から持ち込まれる土砂に含まれる移入種による生態系の攪乱は、危機的です。この問題に対し、沖縄県は県外土砂規制条例を新たに制定し、県外土砂による埋立てを制限することで対応しています。

基地を移設するに先立って「サンゴを移植する」って可能なことですか？

「大浦湾はリーフで守られ波もほとんどなく、穏やかで暖かな海です。子どもの遊び場としては他にない最高の条件です。その大浦湾のサンゴ礁が、今危機に瀕しています。辺野古・大浦湾には貴重なサンゴをはじめ無数の生きものたちが棲息し、生物多様性の特別高い場所です。この海を埋立てることは、沖縄が世界に誇る『豊かな自然』を失うことになります」との意見が、住民から出されています。

この点、第三者委員会の検証報告書によれば、今回の「承認」手続において職員は、「公有水面埋立法に基づく審査においては、環境保全図書に記載されているサンゴや藻場（ママ）の移植、底生生物の移動などについての環境保全については、現時点では取り得る措置だ」と判断したようです。ここでいう「移植」や「移動」とは、要するにサンゴなどを移動して別の場所をサンゴ礁にするということです。「（このような措置がとられるならば）現時点のレベルからすると、環境保全に十分配慮されているものというように判断して、基準に適合していると判断せざるを得ない」というわけです。しかし他方で、それが可能かも不確かで、「海域については、例えばサンゴにしても、藻場（ママ）にしても、まだそういう知見が十分でないということもありますので、今後専門家の意見を聞いて、移植なり、あるいは創出する場所を検討していくといったような考え方になっていたのではないか」と証言しています。

これに対して、第三者委員会は、日本サンゴ礁学会サンゴ礁保全委員会の指摘事項も踏まえつつ、「『適切に対応する』『最も適切と考えられる手法による移植を行う』等というにとどまり、移植技術が確立していないことのリスクについてまったく検討されていない」と結論づけました。

地域の伝統行事をよその土地に「移設」しようとしているってほんとうですか？

沖縄にとって海とは、伝統的な習慣や行事を行う場所であり、将来世代までその伝統・自然環境を残すことは、現在の世代の将来世代に対する義務といえます。

辺野古の浜でも、毎年旧暦5月4日はハーリーと呼ばれる舟こぎ競漕が神事として行われます。昔から地域の文化として定着し、この日ばかりは地元を出ていった若者たちも帰ってきます。また海兵隊も地域の伝統を尊重して、「隣人」として参加しています。この浜の地先は、埋立ての対象となり、ハーリーもできなくなろうとしています。ハーリーの場所を移転せよと迫られているのです。

沖縄防衛局は、「ハーリーの場についても、伝統行事や祭礼等の場を支える環境が変化する可能性がある。移動することを含めて周辺自治体等とも協議を行う」としました。これに対して当初仲井眞知事は、「松田の浜、ハーリーの場及び東松根前の浜の消失に係る環境保全措置として、場の移動を検討するとしているが、その場も含んだ上での行事祭礼であることを認識する必要があり、当該環境保全措置の実施を前提とした評価は適切ではない」としていました。ところが、「事業者が活動場を移動することを含め、埋立承認後周辺自治体と協議するということを確認しているということと、また共同漁業権を有する名護漁業協同組合からは埋め立ての同意が得られているということ、このような状況から判断すると、地域社会にとって生活環境等の保全の観点から現に重大な意味を持っている干潟が失われることには該当しない」と判断して、埋立てを承認したのです。

周辺市町村の法定の計画を考慮せずに埋立てを承認したのですか?

辺野古地区が含まれる名護市の稲嶺進市長は、2013年11月、県に対して「公有水面埋立承認申請書に関する意見」を提出しました。そこでは、「当該埋立事業の実施は以下に記す国や県、そして名護市の計画等に違背し、甚大な影響を与える」として、国の計画として「生物多様性国家戦略」および「奄美・琉球諸島の世界遺産登録に向けての取組」が、県の計画として「生物多様性おきなわ基本計画」、「自然環境の保全に関する指針」、および「琉球諸島沿岸海岸保全基本計画」が、名護市の計画として、「第4次名護市総合計画」、「名護市景観計画」、「名護市都市計画マスタープラン」、「名護市土地利用調整基本計画」、および「名護市観光振興基本計画」が示されていました。

これに対して担当職員は、第三者委員会の席上、「琉球諸島沿岸海岸保全基本計画」について、「やむを得ず海岸保全施設等の設置の必要性が生じてくれば、関係機関との調整の上、海岸保全施設等の設置の可能性がある」としつつも、「防衛局としてはこの調整という作業はしていない」と証言しています。その他「生物多様性国家戦略」等は、公有水面埋立法4条1項3号に定める「法律に基づく計画」ではないとして検討の対象から外されました。

しかし、これらの計画は、知事や市長がその地域の住民の豊かな生活の実現のために策定したものです。地方自治の保障というのであれば、まずは知事や市長の判断の尊重が求められるのではないでしょうか。

仲井眞知事がした「承認」処分は、すでに見てきたように公有水面埋立法4条1項1号や2号に違反していています。それに加えて3号に定める「法律に基づく計画に違背しないこと」にも違反しているのです。

Episode-5

名護市を頭越しに地域に3000万円の補助金

政府は、名護市内の辺野古新基地建設現場の周辺に位置する、集落単位の地縁団体である、いわゆる辺野古区、久志(くし)区、豊原区の、いわゆる久辺(くべ)3区に対して、2016年度予算で、名護市を頭越しに振興費を直接支出することにしました。「防衛施設周辺の生活環境の整備等に関する法律」が定める「基地周辺対策費」などから、合計3000万円の公金を、3地区へ支出するとのことです。使途は、公民館改築とも草刈り機や街灯ともいわれています(琉球新報、2015年10月7日)。

これまでも、2015年5月30日に懇談会と称して、名護市の辺野古交流プラザで、国と3区との間での非公式協議が開催されたことがありました。それに先立つ5月8日には、中谷防衛相が恩納村内のホテルで久辺3区の区長と面談していました。

通常、政府からの振興費等は、市町村に対して支払われるものです。名護市を通り越して、直接「久辺3区」に公金を支出するのは、きわめて意図的です。「政府の公金支出は透明性が確保されなければならない。政府が都合良く解釈して『久辺3区』に公金を投入するとすれば、法治国家といえない」との批判が、我部政明・琉球大学教授からも寄せられています(朝日新聞、2015年10月24日)。

脱法か違法か。「地方自治の観点からすると、移設に反対する名護市には米軍再編交付金を支給しないという『ムチ』を振り上げ、移設に寛容な地域には新交付金という『アメ』を贈る露骨な分断工作」とする見方もあります(川瀬光義・京都府立大学教授、琉球新報、2015年9月24日)。

Q6 オール沖縄の声に日本政府は真摯に応えてきたのでしょうか？

公有水面埋立承認取消しの記者会見（2015年10月13日）琉球新報提供

2014年11月に行われた知事選では、「辺野古に新基地を作らせない」を公約とした翁長雄志候補が、埋立承認をした現職の仲井眞弘多候補を大差で破り、当選しました。

翁長知事は、就任後、選挙で示された沖縄県民の意思を伝えようと、ただちに安倍首相に面会を求めました。ところが首相はおろか菅官房長官も中谷防衛相も会おうとしませんでした。こうした状況のなかで、各地の自治体で、国は沖縄県知事と真摯に話し合うようにとの請願が相ついで採択されるようになりました。こうして、知事就任後4か月を経た2015年5月に、翁長知事は首相や官房長官と会談することができました。

その後、翁長知事は、埋立承認を取り消すまで幾度となく、安倍首相、菅官房長官、中谷防衛相と会談しました。日本政府は、翁長知事の訴えにどう応えていたのでしょうか。

翁長知事は日本政府に何を訴え続けているのでしょうか？

「沖縄は全国の面積のたった0・6％に74％の米軍専用施設が置かれている」。日米安保体制が重要であっても、日本全国で基地負担を分担しないのは、安全保障政策として説得力がない。それが翁長知事の主張です。

知事は、アジア太平洋戦争で日本国内で唯一の地上戦となった沖縄戦以来、「今日まで沖縄県が自ら基地は提供したことはない」とします。「自ら奪っておいて、県民に大変な苦しみを今日まで与えて、そして今や世界一危険になったから、普天間は危険だから大変だというような話になって、その危険性の除去のために『沖縄が負担しろ』と。『お前たち、代替案を持ってるのか』と。……こういった話がされること自体が日本の国の政治の堕落ではないかと思う」。4月5日の菅官房長官との会談の冒頭で、翁長知事が発した言葉です（琉球新報2015年4月6日付）。

知事は続けます。「官房長官が『粛々』という言葉を何回も使う。僕からすると、……問答無用という姿勢が感じられる。その突き進む姿は、サンフランシスコ講和条約で米軍の軍政下に置かれた沖縄。その時の最高の権力者だったキャラウェイ高等弁務官の姿が思い出される」。「官房長官におききしたい。……辺野古基地ができない場合、本当に普天間は固定化されるのかどうか、聞かせていただきたい。……（安倍首相がいう『日本を取り戻す』という場合の）日本のなかに沖縄が入っているのか、率直な疑問だ」。

「いちばんだいじなのは普天間基地の危険性の除去」「辺野古移設というのは唯一の解決策」。菅官房長官が必ず発する言葉です。しかし普天間の危険性除去がなぜただちに辺野古「移設」なのかの説明はありません。

なぜ国は、辺野古にこだわるのでしょうか?

辺野古新基地建設反対に全力をあげる翁長知事に対して、菅官房長官は、「普天間の危険除去をどうするかという返還の原点が忘れられている。尖閣諸島や北朝鮮をめぐる状況など、わが国の安全保障環境が厳しさを増す中、日米同盟の抑止力の維持と、普天間の危険除去を考え合わせたとき、国は唯一の解決策は辺野古移設しかないと思っている。普天間は住宅や学校に囲まれていて危険除去は一日も早くとりくむべきで、固定化は避けるべきだ」、「行政の長が代わったから、もう一度見直すというのは、どうかと思う。行政の継続性が否定されることはないと思う」、「2013年、仲井眞弘多前知事から埋め立て承認を得た。法治国家として、また、行政の継続性という観点から国としても（工事を）粛々と進めていきたい」（琉球新報2015年4月2日）と、強硬な姿勢を示してきました。

しかし、辺野古にこだわる理由には、もっと根深いものがあります。「本件埋立事業は、日米安全保障条約に基づく日米両政府間の協議や閣議決定を経て提供する米軍施設及び区域として辺野古沿岸域が選択された結果として実施されるものであって、政治的、外交的判断を要するのみならず、我が国の安全保障や米軍施設及び区域に関わる専門技術的な判断を要するものであるから、本件代替施設等を我が国のどこにどのように設置するかといった問題は、国の政策的、技術的な裁量に委ねられた事柄である」――この一文は、今年3月16日に国土交通相によって翁長知事に対してされた、「公有水面埋立法に基づく埋立承認の取消処分の取消しについて（指示）」の一節です。基地の配置に県は口をはさむなとの認識こそが、新基地を辺野古に建設する最大の根拠です。

国と仲井眞前知事との約束は守られているのでしょうか？

「良い正月になる」といって承認した仲井眞前知事も、環境影響への懸念はぬぐいきれませんでした。そこで、5点にわたる「留意事項」を条件として付しています。

たとえば留意事項の「1」は、「工事の実施設計について は事前に県と協議を行うこと」としています。ところが国は、2015年10月29日に陸上部分の本体工事に着工した際に、一方的に沖縄防衛局が「協議は終了した」として着工したのです。県は11月2日、「埋立工事を速やかに中止し、留意事項に基づく事前協議を行うこと、および埋立工事の再開は、当該事前協議が調ったあとに行うこと」を文書で要請しましたが、同防衛局は応じていません。

県は取り下げ・修正・再提出を指導していましたが、同防衛局は、応じていません。

留意事項（2013年12月27日）

1．工事の施工について

工事の実施設計について事前に県と協議を行うこと。

2．工事中の環境保全対策等について

実施設計に基づき環境保全対策、環境監視調査及び事後調査などについて詳細検討し県と協議を行うこと。なお、詳細検討及び対策等の実施にあたっては、各分野の専門家・有識者から構成される環境監視等委員会（仮称）を設置し助言を受けるとともに、特に、外来生物の侵入防止対策、ジュゴン、ウミガメ等海生生物の保護対策の実施について万全を期すこと。また、これらの実施状況について県及び関係市町村に報告すること。

（以下略）

「2019年2月普天間運用停止」の約束は守られる見通しなのでしょうか？

仲井眞前知事は、承認処分をした際に、２０１４年2月18日に開催された「普天間飛行場負担軽減推進会議」（県、宜野湾市の代表と関係閣僚で協議）の初会合から起算して5年にあたる「２０１９年2月までの普天間運用停止」と、「普天間の5年以内の運用停止について（安倍）総理の確約を得た」ことを前提にしました。これらは、ほんとうに守られる見通しなのでしょうか。

辺野古（2006年１月）

残念ながら、「２０１９年2月までの普天間運用停止」について、まず、アメリカは、そうは考えていないようです。沖縄タイムスは２０１５年2月19日付けで、アメリカ上院軍事委員長のジョン・マケイン氏のコメントを掲載しています。同氏は、「われわれは少なくとも２０２３年頃まで継続使用すると聞いている。だから普天間を維持する必要な予算を確保した」としています。

また日本政府も、アメリカとの交渉をタテに約束を後退させ、菅官房長官は、逆に辺野古への移設が普天間基地運用停止の条件だと開き直ったのです。そして「日米安全保障協議委員会」（通称「２＋２閣僚会合」）の共同発表には、世界一危険だと指摘されている普天間飛行場の辺野古への移設が「唯一の解決策」と明記される一方で、マケイン軍事委員長は、「米政府の同意なしに日本政府が基地に関する事項を一方的に決める権限はな」く、「断固拒否した」（沖縄タイムス２０１６年2月7日付け）とのことです。

ほんとうに国は解決を求めて沖縄県と真摯に協議したのでしょうか？

２０１５年８月から９月にかけて、建設工事はいったん中断され、沖縄県と国との集中協議が実施されました。翁長知事は、「普天間固定化許さない」「新基地認めない」という２つの県民の民意を背景に臨みました。その間、８月12日から９月にかけて５回の協議が実施されました。ところが論点が噛み合わないまま、９月７日の第５回協議を最後に、協議は国によって一方的に決裂しました。

緊急シンポ「辺野古裁判で、問われていること」（2016年2月28日）

集中協議でわかったことは、「国が決めたんだからいうことを聞け」とばかりの政府の強硬な姿勢です。結局は、政府が繰り返す「普天間の危険性除去」の言葉は、新基地建設のための方便に過ぎませんでした。「沖縄の負担軽減」という当初の建前は存在しないも同然です。

「総理をはじめ何人もの閣僚が顔をそろえ、何回も集中的に話し合ったのに、何の解決も見いだせない。問われなければならないのは、政府の問題解決能力ではないか」（沖縄タイムズ９月８日付け社説）。「（辺野古移設は）絶対に阻止をさせていただきます」と、集中協議の締めくくりの記者会見の最後に、翁長知事は述べました。

沖縄の現状は、アメリカや国連では、どのように理解されてきているのでしょうか？

世界は、沖縄が置かれた現状に関心をもってほしい――、２０１５年5月末から6月初旬にかけて、翁長知事をはじめ稲嶺進名護市長、城間幹子那覇市長らは、渡久地修県議を団長に、ワシントンＤＣおよびハワイを訪問し、アメリカ合衆国議会でジョン・マケイン軍事委員長、ジャック・リード議員と会談し、その後ハワイ州の沖縄県系人のデービッド・イゲ知事と会談しました。さらに9月21日と22日に、国連欧州本部（ジュネーブ）や国連人権理事会総会でも発言しました。

「これから行われる辺野古基地がどのように建設されるのか、私たちがどのように止めるか、日本の民主主義はいったいどうなっているのか、アメリカの民主主義はどうなっているのか、ぜひとも皆さま方に見てもらいたい、そして、沖縄に基地を置く基地問題の真犯人は一体誰なんだということを、世界中でぜひとも謎ときしてもらいたい。沖縄の現状というものに関心をもってほしい。そして、私たちの沖縄が子や孫のために誇りをもって生きていけるようなことをみなさんに助言してもらえるようお願いする」〈国連欧州本部で開かれたサイドイベントにて〉琉球新報２０１５年9月22日)。安全保障の分野であっても地方自治体に深く影響を与える部分があれば、自治体の外交が必要、との視点です。

そしてこの間、カリフォルニア州バークレー市では、沖縄県系人を中心とした運動のなかで、辺野古新基地反対を盛り込んだ「沖縄の人々を支援する決議」が9月17日、全会一致で採択されました。

Episode-6

公有水面埋立承認が問題になった岩国基地訴訟

公有水面埋立てが問題となった裁判の先例として、アメリカ海兵隊岩国飛行場の沖合移設の例があります。岩国飛行場は、アメリカ海兵隊、海上自衛隊、そして民間が共用しています。2006年に山口県知事が国に対して承認した埋立承認処分は、同飛行場の沖合移設の目的が基地機能の強化であったにもかかわらず、安全の確保と航空機騒音の緩和にあるといつわったことを看過してされたものであるとして、その取消しの請求がされました。

山口地裁の2012年6月6日判決は、公有水面埋立について、都道府県知事が国に対して行う「承認」と、国以外の者に対して行う「免許」とでどのような違いがあるのかについて、「国は、本来的に公有水面を直接排他的に支配する権能を有しているから、国がなす埋立ての場合には、国に本来備わっているこの権限に基づいて埋立てを行うことになるので、国以外の者が行う埋立てには都道府県知事の免許が必要だが、国のなす埋立てにはそれを要しない」としています。この説に対して、「国は公企業の主体」として、その水面が国の所有であったとしても、法律で知事の承認を受けない限り埋立てをなしえないと定められている以上、公企業の主体としての国はその権能を有しないとの説もあります。

岩国基地訴訟で、国はその後の広島高裁判決（2013年11月13日）においても前者の解釈をとりました。これに対し今回の辺野古新基地問題では、後者の解釈をとっているようにも思われます。なぜなら、辺野古新基地問題で国は、知事の承認取消手続において、知事の「承認」取消処分によって事業ができなくなるとの立場から、内閣の一員である国土交通相に対して審査請求するという茶番を演じるために、もっぱら「事業者」として、つまり「私人」としての立場を貫こうとしたからです。しかし、国土交通相が国地方係争処理委員会に提出した回答書では、あいかわらず前述の支配機能を有すると説明しています。そこには、深い矛盾が横たわっています。

キャンプ・シュワブのゲート前

Q*7 埋立承認の取消しが3つの裁判で争われることになったのはなぜでしょうか？

「したいひゃー（でかした）！」。抗議行動の先頭に立ってきた沖縄平和運動センターの山城博治議長は、その瞬間、絶叫しました。待ちに待った日が来たぞと、米軍キャンプ・シュワブゲート前で座り込みを続ける市民らは、いっせいに喜びの声をあげました。

「本日、埋立承認を取り消しました」。翁長知事が、記者会見でそう述べたからです。埋立承認の法律的な瑕疵を検証する第三者委員会の検証結果報告を受け、関係部局で内容等を精査したところ、仲井眞前知事がした公有水面埋立承認処分には、取消されるべき瑕疵があるものと認められたことから、国の意見聴取や聴聞の手続を経て、知事は、10月13日午前10時6分頃、その権限に基づいて、辺野古沖の公有水面埋立承認処分を取り消しました。ここでは、承認取消処分について説明します。

なぜ、知事は埋立承認を取り消したのでしょうか？

「⑴普天間飛行場代替施設は沖縄県内に建設せねばならないこと及び県内では辺野古に建設せねばならないこと等が述べられているが、その理由については……実質的な根拠が乏しい」こと、「⑵本件埋立対象地は、自然環境的観点から極めて貴重な価値を有する地域であって、いったん埋立てが実施されると現況の自然への回復がほぼ不可能である。また、今後本件埋立対象地に普天間飛行場代替施設が建設された場合、騒音被害の増大は住民の生活や健康に大きな被害を与える可能性がある」こと、そして「⑶沖縄県における過重な基地負担や基地負担についての格差の固定化に繋がる」こと――これらが承認取消しの理由です。⑴の理由にはさらに、「㋐普天間飛行場が、国内の他の都道府県に移転したとしても、依然4軍（陸軍・海軍・空軍・海兵隊）の基地があり、さらに陸上・海上・航空自衛隊の基地があることから、抑止力・軍事的なプレゼンスが許容できない程度にまで低下することはないこと」、「㋑県内移設の理由として、『地理的に優位であること』『一体的運用の必要性』等が挙げられているが、時間・距離その他の根拠等が何ら示されておらず、具体的・実証的説明がなされていないこと」が挙げられています。その後、県と国との間で、この「取消理由」が争点として争われることとなります。

この「取消し」の効力は、仲井眞前知事の承認の時点にさかのぼります。「現知事」が前任者の決定を職権で取消したのです。「自庁取消し」といいます。この取消しによって、本件埋立工事は、違法状態となったのです。

知事の承認取消しのあと、国はどう対応し、これに県はどう対応したのでしょうか？

翁長知事の承認取消しによって埋立工事ができなくなったので、沖縄防衛局は、翌14日午前、「私も内閣の一員として移設推進の立場だ」と明言する国土交通相に対し、「取消しは違法だ」として、行政不服審査法に基づき処分の取消しを求める審査請求と、その裁決までの間の、承認取消しの効力を止める執行停止を申し立てました。これを受けて、法律上の決定権限を有することになっている国土交通相は、「仲井眞前知事の承認に瑕疵(かし)はない」として、執行停止を決定し、そして翌28日、沖縄防衛局に通知が到達しました。これにより、翁長知事の承認取消処分は、その効力がいったん停止し、工事再開が可能な状態となりました。さらに政府は、この執行停止の決定と同時に、27日午前中の閣議了解を受けて、代執行の手続をとることを決めました。そして11月17日に国土交通相は、翁長知事を被告として、福岡高等裁判所那覇支部に代執行訴訟を提起し、沖縄県を裁判で追い詰めるという「強行」手段をとったのです。

これに対し、沖縄県（翁長知事）は代執行訴訟に応訴するだけでなく、再度の工事を阻止するために、２つの訴訟を提起しました。まず、国土交通相の執行停止の決定が沖縄の自治権を侵害するとして、昨年12月25日に国を被告として那覇地方裁判所に執行停止決定の取消訴訟を提起しました。次に、執行停止の決定が国による自治体に対する違法な関与だとして、国地方係争処理委員会への審査の申出を経て（12月28日却下決定通知）、２０１６年2月1日に国土交通大臣を被告として福岡高等裁判所那覇支部に関与の取消訴訟を提起しました。

承認取消しをめぐる沖縄県と国との裁判はどのように進展したのでしょうか？

埋立承認の取消しをめぐって提起された3つの裁判は同時に審理が行われたわけではなく、代執行訴訟の審理が先行しました。代執行訴訟は迅速な審理が予定されている裁判ですが、裁判所は計5回の口頭弁論の期日を設けました。争点が多岐にわたっていたからでしょう。

審理において裁判所は、国側の主張が分かりにくいとして、しばしば厳しく釈明を求めることもありました。裁判所は、両者の主張が出揃った今年1月29日の第3回目の口頭弁論の終了後、沖縄県と国に和解を勧告しました。

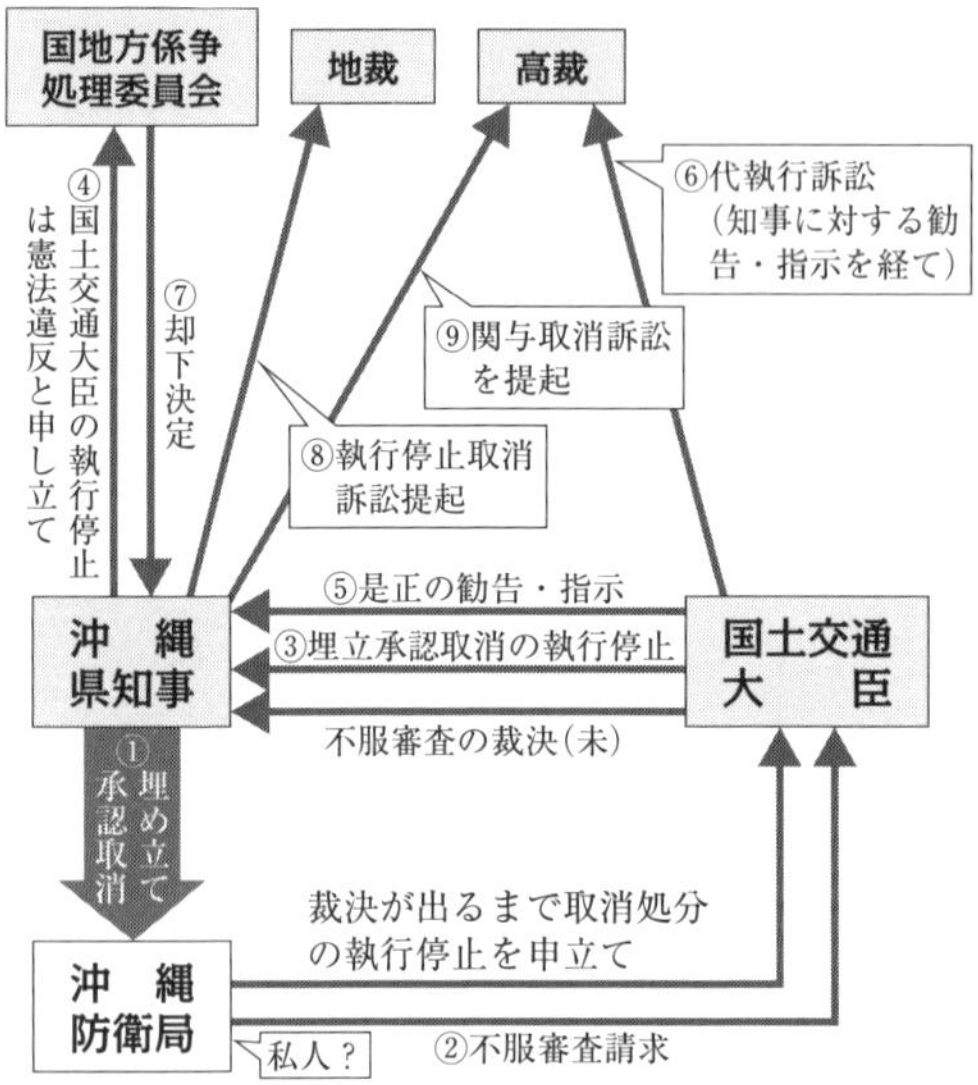

その後、代執行訴訟も関与取消訴訟も2月29日に結審し、3月17日に関与取消訴訟の判決が、4月13日に代執行訴訟の判決が下されることになっていました。しかし、3月4日に、和解勧告に頑なな態度をとっていた国が最終的に受入れを表明し、代執行訴訟と関与取消訴訟の和解が成立し、沖縄防衛局は3月7日に国土交通大臣に対する審査請求を取り下げました。これにより、埋立工事ができない状態に戻ったので、沖縄県も3月9日に執行停止決定取消訴訟を取り下げました。

①2015年10月13日　②2015年10月14日　③2015年10月27日　④2015年11月2日　⑤2015年11月9日　⑥2015年11月17日　⑦2015年12月24日　⑧2015年12月25日　⑨2016年2月1日

第3章

沖縄県と国はどんな法的な争いをしていたのでしょうか？

「この裁判で問われているのは、
単に公有水面埋立法に基づく
承認取消しの是非だけではありません」（翁長）

琉球大学教授
徳田　博人

2016年2月28日、那覇市で開催された緊急シンポジウム「辺野古裁判で、問われていること」

辺野古への新基地建設をめぐって沖縄の民意は、明らかに基地建設反対です。それにもかかわらず、国は、なぜ、沖縄の民意（住民自治）を無視して、沖縄県知事の仕事（埋立承認）に関与できるのか、憲法や地方自治法はそれを許しているのか、そもそも、なぜ、国の関与が必要とされるのか、そういう疑問が起こってきます。

本章では、辺野古新基地建設をめぐる国と沖縄県の法的争いをふり返るなかで、そのことを考えてみましょう。

翁長知事は、沖縄の民意に支えられ、かつ、第三者委員会の検証を経て、辺野古新基地建設のための公有水面埋立の承認を取消しました。これに対して、国は承認取消しの執行停止をしたり、代執行訴訟を提起したりしました。多くの行政法専門家から、国の私人なりすましである、裁判抜きの代執行であるという批判が相次ぎました。そのような批判のある状況の中で、裁判所は、どのような理由から、国や沖縄県に対して、和解を勧告したのかを見ていきます。

そのなかで、3月4日に国と沖縄県との間に成立した和解の意義を読み解きたいと思います。それは結果的に、今の日本政府は地方分権改革の趣旨を理解していないのではないかなど、憲法や法律の縛りに従わない政治のあり方が問われることになります。

国と沖縄県との間に成立した和解の内容とその意義は、どういうものでしょうか？　また、どこまで、和解の効力がおよぶのでしょうか？

オール沖縄那覇の会結成総会（2015年5月13日）

辺野古埋立承認の取消しをめぐる代執行訴訟で国と沖縄県が舌戦を繰り広げているなかで、2016年1月29日、第3回口頭弁論終了後に、福岡高等裁判所那覇支部の多見谷裁判長は、両者に和解を勧告し、「根本案」と「暫定案」の2つの案を提示しました。根本案は、辺野古に代替施設建設を認めているため国に有利な案であるのに対して、暫定案は移設作業の停止を求めているため県に有利な案といわれていました。それにもかかわらず、3月4日、安倍首相は記者会見で、暫定案の和解案を受け入れて、沖縄県と協議に入ることを表明し、和解が成立しました。

裁判所は、どのような理由から、和解を勧告したのでしょうか？

和解勧告文には、国と沖縄県に反省を促す言葉がみられますが、国と地方公共団体が対等・協力の関係となることが期待された地方自治法改正の精神にも反する状況になっているという認識が示されました。さらに裁判所は「本来あるべき姿としては、沖縄を含めオールジャパンで最善の解決策を合意して、米国に協力を求めるべきである。そうなれば、米国としても、大幅な改革を含めて積極的に協力をしようという契機となりうる」とも言っています。これは、地方自治法改正の趣旨を歪曲してでも、辺野古埋立工事を進める政府の「むき出しの権力」に対する批判であり、また、地方自治や民主主義に対する裁判所の見識が示されたものですから、国が和解に応じざるを得ない強力なプレッシャーになったと思われます。

同時に、関与取消訴訟の求釈明において沖縄防衛局が私人と同じ立場に立っているとの理解は公有水面埋立法の従前の解釈と齟齬(そご)しているのではないかと裁判所が疑念を強く示し、代執行訴訟の判決に先んじて関与取消訴訟の判決を下そうとしていたことから、関与取消訴訟でも国が敗訴するおそれがあると察知したからだ、というのが真相ともいわれています。いずれにせよ、これで時計の針は、いったん２０１５年10月13日の承認取消し時点にもどり、工事も中断しました。

和解によってどのように問題の解決が図られるのでしょうか？

和解の内容は、10項目から成り立っています（→91ページ）が、その骨子は次の通りです。

(1) 県と国は埋立承認取り消しをめぐってそれぞれが起こした訴訟を取り下げる。

(2) 沖縄防衛局は取消しに対する審査請求・執行停止を取り下げ、工事を直ちに中止する。
(3) 国は承認取消しについて是正の指示をする。県は不服があれば指示取消訴訟を起こす。双方、判決には従う。
(4) 判決確定まで普天間飛行場返還と埋立てについて円満解決に向け協議する。

国と沖縄県の協力関係を強調した和解勧告の趣旨と、この和解内容から、まずは、国は、円満解決に向けて協議し、協議が整わないときに、国の是正指示が発せられるだろう、多くの新聞報道等がそのような認識でした。しかし、なんと和解成立から土・日を挟んで3日後の月曜日7日に、国は沖縄県との協議を始めることもないままに、国土交通相は、翁長知事に対して是正の指示を行ったのです。確かに、和解の内容には、協議から先に行うとは書いていません。しかし、一方で是正の指示という拳をあげておきながら、他方で円満な協議ができるのか、そもそも、和解勧告の趣旨（改正地方自治法の趣旨）にも反するのではないか、といった疑問があります。

ところで、3月7日の国土交通相の是正の指示には、理由が付されていませんでした。これは疑う余地なく地方自治法249条1項に違反しています。理由付記が必要とされる趣旨は、一般的に、是正の指示を求める側の恣意的な運用を避けることと、是正の指示に不服がある自治体の防御権の確保のためです。その後、国は、3月16日に3月7日に発した是正の指示を、撤回と称して国土交通相自ら取り消し、同日、再度是正の指示を発しました。仮に最初の理由付記なしのまま、国地方係争処理委員会（係争処理委）の審査に持ち込まれたならば手続的違法と判断される可能性が高かったことから、沖縄県は実質的には「二連勝」したといえます。同時に、今の日本政府が分権改革の趣旨を理解していない姿をさらけ出したともいえます。

図表1　和解後の手続

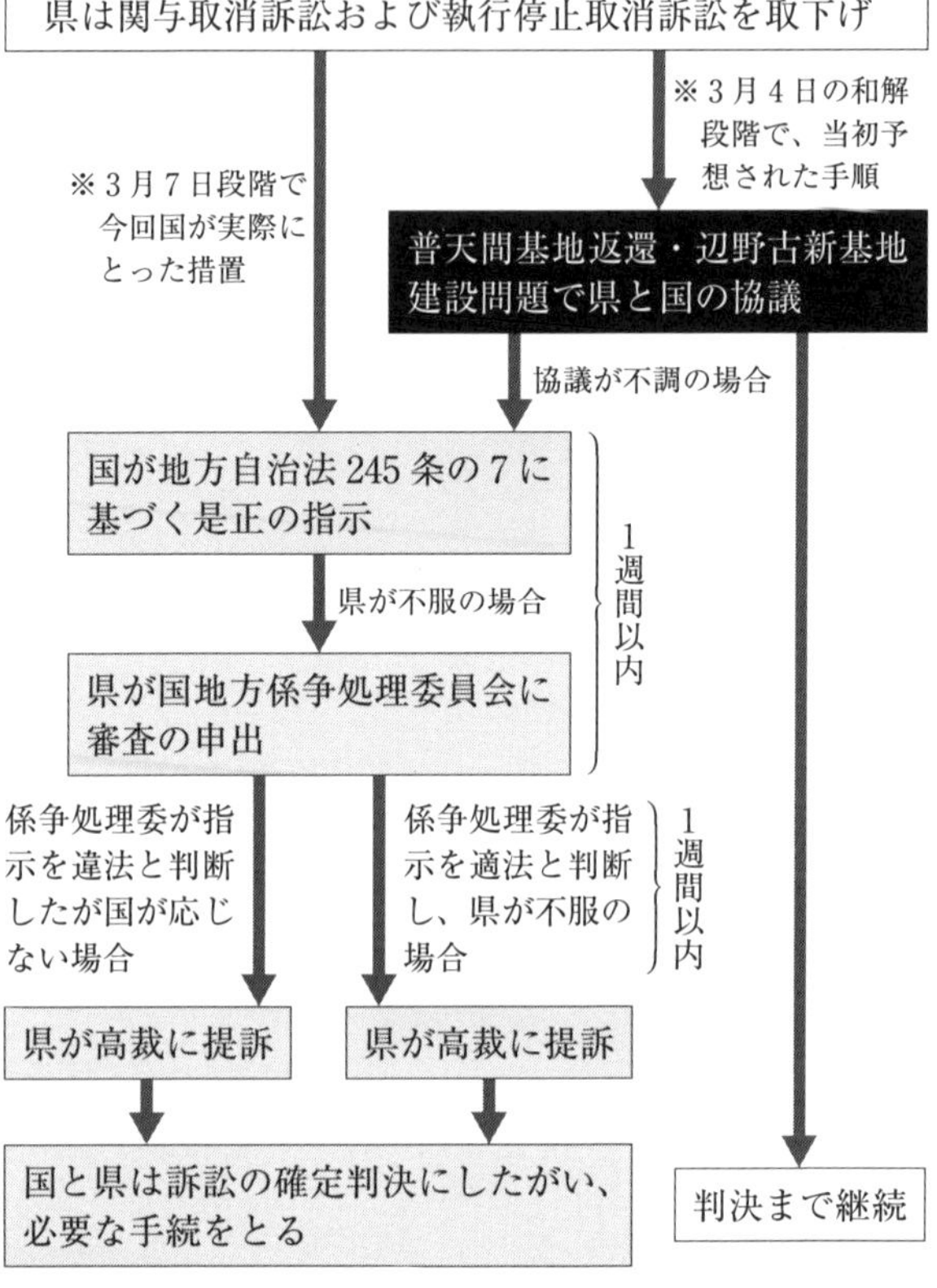

翁長知事は、3月16日に発せられた是正の指示に対し、同月22日、係争処理委に審査の申出を行いました。係争処理委の審査は、申出があった日から90日以内に行われます（自治法250条の14第2項、第5項）。係争処理委の審査の結果等に不服がある場合には、県は、国土交通相の「是正の指示の取消訴訟」を提起することでき、または、係争処理委の審査の結果等に国土交通相が従わない場合には、県は国の不作為の違法確認訴訟を提起することができます（同法251条の5第1項）。ふたたび、沖縄県は国と裁判所であいまみえることになります。

沖縄県は、今回の和解で何を勝ち取ったのでしょうか？

今回の和解の意義（県が勝ち取った点）を理解するためには、裁判で争点となったことを理解することが大切です。

辺野古新基地建設のための公有水面埋立の承認取消という1つの行政処分をめぐって、国と沖縄県の間で、2つの場面で3つの訴訟が提起されました（3つの訴訟の概要と争点につき、**72ページ図表2**参照）。国による審査請求・執行停止に関する場面での2つの取消訴訟では、沖縄防衛局は私人なのか（私人なりすまし論）が問われました。また、翁長知事の承認取消しに対する国が提訴した代執行訴訟では、代執行手続よりも緩やかな関与の方法（国土交通相による指示→翁長知事の拒否→国土交通相による不作為違法確認訴訟の提訴→指示に従わないことの違法確認判決の確定→翁長知事による自発的な承認取消しの取消し）をとることなく代執行の手続をとったことが問われたのです。

まず、私人なりすまし論ですが、国は、仲井眞前知事の県政の下では、沖縄防衛局を統治主体の機関としており、私人とする立場には全く立っていませんでした。それが翁長県政になり埋立承認が取り消されると、行政不服審査法を用いて埋立承認取消しの効力の停止を行う必要性から、沖縄防衛局が「私人」となったのです。しかし、事業者である沖縄防衛局は防衛省の一機関であるから、日米合同委員会での合意を得てキャンプ・シュワブ沿岸の米軍提供水域内で埋立工事を行うことができるのです。「私人」にはできるはずがありません。また、海を埋め立てて土地所有権を発生させることは行政機関固有の権限ですが、この権限を沖縄防衛局がもっていることに着目して、沖縄県は、裁判で国を追い詰めました。

次に、代執行制度の要件論ですが、地方自治法では、「関与の法定主義」や「必要最小限の原則」などの趣旨から、国の関与には各自治体の自主性・自律性を尊重することが求められており、代執行制度を含む国の権力的関与は、住民自治その他の自治体内の方法によっては問題を解決できない場合に限られます。また、

図表2　3つの訴訟の概要と争点

	原告	被告	訴訟の概要	争点
代執行訴訟（2015年11月17日）	国土交通相	沖縄県知事	地方自治法第245条の8第3項の規定に基づいて、翁長知事が行なった承認取消処分の取消を求める訴訟	・国土交通相の訴訟提起がその他の方法による措置の有無などの法律の要件を充足するのか ・不服審査制度と代執行制度の併用（ダブルトラック論）は許されるのか
執行停止取消訴訟（＝抗告訴訟）（2015年12月25日）	沖縄県	国	行政事件訴訟法3条の2項に基づいて、国土交通相が行なった承認取消処分の執行停止決定の取消を求める訴訟と執行停止決定の執行停止を求める申立て	・沖縄県の原告適格 ・防衛局に審査請求適格があるか（＝「私人なりすまし」論が許されるのか）
関与取消訴訟（2016年2月1日）	沖縄県知事	国土交通相	地方自治法第251条の5に基づいて、国土交通相が行なった承認取消処分の執行停止決定の取消しを求める訴訟で、係争処理委への審査の申出が却下されたことから提起	・「執行停止決定」が地方自治法の定める「国の関与」に該当するか ・防衛局に審査請求適格があるか（＝「私人なりすまし」論が許されるのか）

国の関与のなかでも最も権力的である代執行制度は、国土交通相として、代執行等関与以外の関与（「代替的関与」）を行った上で、それでも解決できない場合に最終的手段として用いることができるのです。地方自治法245条の7に基づく「是正の指示」をした後に提訴する同法251条の7第1項に基づく不作為の違法確認訴訟につき最高裁判決が確定してもなお指示に従わない場合にしか利用できないのです。知事の「誤り」を選挙を通じて正したという意味で沖縄の民意（住民自治）が機能していることや、「翁長知事の辺野古新基地建設阻止の意思は

固く明らかで、代替的関与を行うことは時間の無駄、手続の無駄だ」という国の主張は、翁長知事が不作為違法確認判決に従う旨を明らかにしたことで、その根拠がなくなりました。以上の論理によって国を追い詰めたことで、ダブルトラック論も妥当する余地がなくなったとすべきではないでしょうか。

ところで、そもそも公権力の主体としての国（政府）が私人となる（国がいとも簡単に「私人」になります）ことの本質的問題は何でしょうか。この点を少し立ち入って説明しておきます。

憲法の下で、国家（政府）や法律の存在理由は、私たち一人ひとりの人権を尊重し、これを保障することにあります。国家が公権力を行使する場合には、法律の根拠が必要であり、法律が認めた範囲でのみ活動できるという公権力不自由の原則と、これに対して、個人（私人）は法律等により禁止されない限り、何をしても自由であるという個人の自由の原則に立脚します。このような基本的人権を保障するための公権力の不自由の原則は、日本であれ、米国であれ、立憲主義を唱える限り、否定することのできない真理です。日本政府は、辺野古の工事を進めるために、今回、私人（個人）になりすますことで、この原則から逃れようとしました。これは、立憲主義国家とその法の存在理由そのものを否定する暴挙にでたと評価することもできます。このように考えると、沖縄県が道理ある主張で国を追い詰めて和解に持ち込んだことで、立憲主義の危機にある日本をかろうじて救ったともいえます。

和解って何？　どのような法的拘束力をもつのでしょうか？

今回の和解によっても、係争処理委が国土交通相の是正の指示は違法であると判断したとしても国はそれに従わない可能性があり、他方で、適法の判断をすれば沖縄県は納得しないでしょう。ですから、いずれに

Episode-7

私人なりすまし論をどうやって破綻させたか?

公有水面埋立法は、「私人」である事業者が埋立てを行う場合には知事の免許を必要としますが、国が埋立てを行う場合には知事の「承認」が必要であるとしています。この違いはどこにあるのでしょうか。

海とは国民みんなが使用するものであるということが前提にあり、これを専門用語でいえば、公物といいます。この公物である海を埋め立てて陸地を造り、そこに土地所有権を発生させる法律が、公有水面埋立法です。

この法律では、私人である事業者には知事の免許を受けただけでは、海を埋め立てても造成された土地の所有権は発生せず、さらに知事の竣工認可が必要です。これに対して、国の場合には、国(今回の場合、沖縄防衛局)自ら海を埋め立てたと認定し知事に通知することによって、国は土地所有権を得ることができるとしています。

このように、国民が自由に使用できる海(公物)を廃止し、所有権を発生させる行為は、「私人」ではできないとされています。これには、最高裁判決もあり、学説でも通説です。一方で、国土交通相に対する審査請求は、防衛施設局が「私人」でなければできません。この矛盾に着目して、沖縄県は、国の「私人なりすまし」論を破綻に追い込んだのです。

その結果、今後、翁長知事が、埋立承認の取消し以外に埋立承認の撤回権や、工法変更申請に対する審査・拒否権限を行使した場合に、沖縄防衛局は、知事の権限行使をすべて裁判で争い、全ての裁判で勝訴しない限り、埋立工事を進めることができなくなりました。

しても訴訟になり、高等裁判所や最高裁判所の判断を受けることになると予想されます。最高裁判所の判決が下されたとき、問題となりそうな和解条項が、第9項です。

和解条項第9項に定める「判決に従い、同主文及びそれを導く理由の趣旨に沿った手続を実施する」について、国は、「沖縄県が敗訴した場合には、工事の設計変更の許可その他将来の行政処分についても、法的に拘束する。国と沖縄県の法的争いは、今回の裁判一回限りである」と述べています。これに対して、沖縄県は、翁長知事が行った埋立承認の「取消し」の適法性に限られるという立場です。したがって、今回の裁判で争われていない承認の「撤回」や、工事の設計変更の許可といった知事の別の法的権限に関しては、法令に沿って判断・審査することになり、国と沖縄県の法的争いは、今回の是正の指示をめぐる裁判が確定して以降も、続く可能性があります。

ところで、3月4日の国と沖縄県の和解は、当事者の合意により成立したもので、代執行訴訟の裁判の確定判決と同様の効果をもちますが、その範囲を超えて、法律の条項を修正したりする力はもちません。したがって、仮に最高裁判決で、国が勝訴したとしても、たとえば、国が工事の設計変更の申請をした際に、申請の要件を充たしていない場合には、沖縄県は許可をする必要はありません。もし和解により沖縄県が適法な行政処分すらできなくなれば、法治主義との関係でさらなる重大問題を引き起こすことになるからです。

国の議論は、あくまでも政治的主張であって、このような主張に対しては、法的論理に基づく判断で対抗することが、とても重要です。

Episode-8

埋立承認取消し以外にも、これだけの手段が

海面の埋立てによる新しい国有地の造成が、今回の辺野古沖埋立てです。しかし単に海を埋め立てる承認さえあれば工事ができるわけではありません。県と地元の名護市には、埋立工事に関連する権限が与えられています。その権限を用いることで埋立工事を阻止することができます。その用い方の一覧が下記のとおりです。

知事権限
- 公有水面埋立法関連
  - 埋立承認取消し
  - 埋立承認の撤回
  - 工法変更申請に対する判断
  - 前知事による変更申請承認の取消し
  - 美謝川切替え、土砂運搬の実施設計に関する協議
  - 埋立本体工事前の実施設計に関する協議
  - 埋立本体工事前の環境保全対策に関する協議
- 県漁業調整規則関連
  - 岩礁破砕許可取消し
  - サンゴ移植にともなう特別採捕許可申請に対する判断
- その他
  - 県外土砂規制条例による県外土砂の搬入規制
  - 埋蔵文化財に関する届出通知（教育委員会所管）
  - 県土保全条例の改正提案（知事与党が検討中）
  - 赤土防止条例に基づく事業行為通知書の提出要請

名護市長権限
- 辺野古漁港関連
  - 漁港施設占用許可申請（名護市漁港管理条例）
  - 漁港区域内の行為についての協議（漁港漁場整備法）
- 美謝川切替え・辺野古ダム関連
  - 法定外公共物占用協議（名護市法定外公共物管理条例）
- 文化財関連
  - 埋蔵文化財の有無に関する照会（名護市教育委員会所管）

（沖縄タイムス 10 月 31 日付けその他から作成）

Q*9 国と沖縄県との間で、何が法的争点となっているのでしょうか？

新基地予定地の北にある大浦川マングローブ林（名護市指定天然記念物）

和解成立後、国土交通大臣による是正の指示（再指示）が発せられ、これに対して、沖縄県は国地方係争委員会への審査の申出を行いました。国地方係争処理委員会の審査とその後の訴訟では、是正の指示が適法か、またその前提として、本件埋立承認と本件承認取消しがそれぞれ適法だったかが、争われます。具体的には、普天間飛行場代替施設を設置するために、辺野古の海を埋め立てることが、公有水面埋立法の埋立要件である「国土利用上適正かつ合理的」と言えるか、また、「環境保全及災害防止に付き十分配慮せら

図表3　係争処理委および訴訟における法的争点

公水法の条文等	争　点	国の主張	沖縄県の主張
4条 1項1号	どこに基地を設置するのか、知事に審査権限はあるのか	国の政策的・技術的な裁量に委ねられている	基地を建設することを目的とした公有水面の埋立ての必要性の認定が問題となっていて、それは知事にある
4条 1項1号	普天間の危険除去を理由に、埋立ての必要性あり、といえるか	いえる	普天間の危険性の除去の必要性は認めるが、それが埋立の必要性と論理的に結びつくわけではない
4条 1項2号	埋立により辺野古の海が有する優れた自然価値を損なわれないか	環境評価、代替案等で、可能な限り、損なわれないようにしている	環境アセスが不十分であるし、専門家等の疑問に適切に答えていない
	職権取消制限の法理の適用	適用有り	適用なし
	辺野古新基地建設は、沖縄の自治権侵害に当たるか	――	米軍基地に対して、国の規制や自治体の規制が及ばないし、自治体の街づくりにも支障があり、これは自治権侵害にあたる
	審査の対象	前の知事の埋立承認の適法性	是正の指示、そのものが違法 現知事の埋立承認取消の適法性

れたるもの」といえるのか（公有水面埋立法4条1項1号・2号、42条3項）が、争点となります。これらの争点は、知事の権限の及ぶ範囲、埋立の必要性、沖縄の自治権侵害の有無などを含んでいます（**図表3**）。これらの争点に限らず、今回の国土交通大臣の是正の指示が住民自治や所管の法令からして国の関与の限界を超えているのではないか、ということも争点となります。国の関与の適正をチェックする、係争処理委の存在理由が問われています。

米軍基地提供のためなら、翁長知事の「埋立の必要性」の認定権は限定されるのでしょうか？

国土交通相は、翁長知事が新基地建設のための埋立の必要性は認めないとしたことに対して、3月16日の是正の指示で、代理署名最高裁判決（1996年8月28日）を根拠に、普天間飛行場の「代替施設等を我が国のどこにどのように設置するかという問題は、国の政策的・技術的な裁量に委ねられた事項」であるとして、知事の「埋立の必要性」の認定権を狭く解釈しようとしています。これは正しい解釈でしょうか。

「代理署名裁判」では、日米安保条約の運用のためにつくられた法律群＝「安保法体系」にある駐留軍用地特別措置法（特措法）に基づく事業認定等の適法性が争点となりました。この法律は、米軍に基地を提供するためにつくられた法律です。そのため、特措法の仕組みの中で、基地提供のために、どの土地を収用するのか、その必要性等についての認定権を内閣総理大臣に認めた上で、その認定における行政庁（首相）の政策的、技術的な裁量を認めたものです。

しかし、今回の係争処理委で問題になっている公有水面埋立法や地方自治法は日米同盟とはまったく関係のない「純粋憲法体系」の法律です。公有水面埋立法の仕組みをみると、特措法の事業認定に該当するものが、公水法4条1項1号・2号であり、その認定権限は知事にあります。つまり、本件代替施設等を埋め立てて予定地に新基地を建設することが妥当かどうかは、知事の政策的、技術的な裁量に委ねられています。

国土交通相は、代理署名最高裁判決の「個別法の仕組み」を解釈する方法を無視したものであり、誤った解釈を意図的におこなっています。同時に、このような国側の解釈方法は、安全保障上の必要性と、「国防」

という特殊な事項だからこそ国が広く持っている裁量性を根拠にして、安全保障に関わることであっても特別扱いを認めない純粋憲法体系に属する公有水面埋立法や地方自治法に基づく行政を、あたかもそれらが安保法体系に属しているかのようなやり方で執行させるものであり、それが正しいのだとの主張です。このような主張が通れば、安保法体系が本体の憲法体系を飲み込んでしまうことになります。つまり、政府は、憲法改正をすることなく、安保条約の原理で日本の憲法を書き換えてしまっているのです。

日米関係の信頼保護のためであれば、法治主義の原則を守らなくてもよいのでしょうか？

国土交通相は、翁長知事に対する是正の指示の理由として、翁長知事の承認取消しは「日米同盟の信頼を損ない、国防や外交上、公益を害する」と主張しています。その根拠として引用しているのが職権取消しの制約として信頼保護の必要性を説いた最高裁判決です。

しかし、これは、仮に法的な瑕疵があっても、私人の「信頼保護」の観点から取消し権限を行使できない場合があるという判決です。あくまで私人の権利利益の救済のため、それもごく例外的に厳しい要件の下で、違法であっても取り消しできないケース（法治主義の例外）を認めているのです。国の関与をめぐる紛争は、行政権の主体同士の紛争であり、国も沖縄県も私人ではありませんから、私人の権利保護のための判例法理を用いることは、法治主義上、問題のあるところです。また、是正の指示は、知事の法令違反を前提としていますが、最高裁の判例は法令には該当していません。この点も問題です。

ところで、日本政府は、辺野古への新基地建設は普天間飛行場の危険除去が最大の目的であり、それゆえに、「埋立の必要性」があるといいます。普天間飛行場が非常に危険であり、騒音被害が違法であり国に賠償責任があることは、何度となく、米軍や国を相手にした普天間爆音訴訟等において認定されています。国家賠償法上の違法性とはいえ、違法性が認定された以上、それを即時に除去すること、すなわち普天間飛行場を即時閉鎖するのが、国のあるべき姿です。辺野古に新基地建設をしなければ、普天間飛行場の危険が除去できないという国の主張は、危険な基地のたらい回しを正当化するためのものであり、普天間爆音訴訟等で認定された普天間飛行場の違法状態や国の怠慢を覆い隠すためのものです。ここにも、住民の権利や法治主義の原則よりも、日米関係の信頼を重視する日本政府の態度を見ることができます。

沖縄の自治権を無視する国の政策は許されるのでしょうか？

日本国憲法は、明治憲法と異なり、地方自治を保障しています。自治体の長や議会には、その地域の住民の安全や暮らし、自然環境を守る責任と権限が憲法上あるのです。また、憲法の保障する地方自治は、それぞれの地域の特殊性に着眼した政治行政であること、さらに、「民主主義国家における国政の基盤性」にその意義があります。この地域の特殊性および地域の民主政治に配慮しない国の政策介入は、地方自治を侵害するものです。沖縄県は、係争処理委の審査において、このような沖縄の特殊性と、基地反対の民意（住民自治）を主張しています。

まず、沖縄の地方自治の特殊性は、米軍基地に起因するさまざまな障害に対処せざるを得ない点です。基地があるが故に、県民の基本的人権が侵害され、環境が破壊され、街づくりの権能が阻害されています。基地をかかえる沖縄の市町村や沖縄県では、本来であれば不要な基地対策部（基地渉外課など名称は様々）が設置され、基地問題の対処のために多額の予算が支出されています。

　ところで、沖縄の基地問題は、日米地位協定（2条1項(a)、3条1項など）により米軍に特権的地位が与えられていることに起因しています。沖縄では、米軍基地に起因する騒音被害に対して法令や条例に基づく規制が及びません。また、基地内で起きたヘリ事故等によって河川汚染等の恐れがあり、住民の健康や安全を守る上で問題が生じたような場合であっても、米軍の許可がなければ立入調査権限がおよびません。それどころか、２００４年8月13日に沖縄国際大学に米軍ヘリが墜落した際、米軍は、基地の外にもかかわらず、墜落現場を占拠して警察・消防や土地所有者の立入りを制限し、沖縄県警は現場検証もできませんでした（**→36ページ**）。ところが、この事故を受けて２００５年4月1日に日米間で合意された「米軍基地外での米軍事故に関するガイドライン（指針）」では、米軍機が墜落した場合、その現場の内側には、警察権の及ばない米軍の管理権が公式にも認められることになりました。沖縄には、このように、米軍基地が集中するが故に、その地域の住民の安全や暮らしを、自治体が守るための権限が及ばない空白地帯（自治権侵害）が構造的に生じるのです。そのような構造の中にある沖縄に、さらに、新基地が建設されようとしています。

　次に、沖縄の民主政治、つまり民意に基づく政治（住民自治）については、沖縄の民意は、繰り返し、辺野古新基地建設に反対し、普天間基地の早期閉鎖・返還を求めてきました。たとえば、２０１０年4月25日には、普天間基地の早期閉鎖・返還を求め、県内「移設」反対の県民大会が超党派で開かれました。この大会には、仲井眞知事（当時）および基地を抱える全ての自治体の長があつまり、辺野古移設反対の県民の総意を表明しました。同年11月の知事選挙において仲井眞知事候補は、県外移設を公約に掲げて再選されました。しかし、仲井眞前知事は、その公約を破りすて、２０１３年12月27日、辺野古埋立てを承認しました。当然のことながら、仲井眞知事や党本部の圧力により辺野古移設の容認に転じた自民党国会議員らは、多くの県民の怒りを買うことになりました。２０１４年、沖縄県では名護市長選（1月）、名護市議会議員選（9月）、沖縄県知事選（11月）、衆議院議員選挙（12月）が相次いで行われ、いずれの選挙においても、「辺野古新基地建設の是非」が争点となり、前知事の仲井眞候補をはじめとする政府与党が支援した候補者が落選しました。このように、すべての選挙において、辺野古新基地反対の沖縄の民意が確認されたのです。

係争処理委の審査では、基地に起因する自治権侵害や基地反対の沖縄の民意（住民自治）が明確であり、民主的自治運営がなされているなかで、国が是正の指示を行ったことの適否（国の関与の在り方）が問われることになります。

国地方係争処理委員会の審査の範囲をめぐって、なぜ、国と沖縄県との間で対立するのでしょうか？

係争処理委の審査では、国土交通相の是正の指示の適法性の有無を審査しますが、この審査にあたり、是正の指示が所管法令に関わる事項で、かつ、地方自治法に定める関与の基本原則や手続に基づいて適正に行われたのか（第1段階）、仮に、行われたとして、知事の承認取消しが適法か否か（第2段階）といった2段階で判断をする必要があります。それは、是正の指示が地方自治法の定める「国の関与」であり、その是正の指示とその指示の対象となる知事の行為（埋立承認取消し）とは、互いに別の決定・処分であること、したがって各行為の適法性が問題となりうることからです。

係争処理委の審査の第1段階では、国土交通相は、なぜ、新基地建設反対の沖縄の民意（住民自治）を無視して知事の仕事（埋立承認）に関与できるのか、また、所管の範囲を超えて、日米関係の信頼性や抑止力といった外交・防衛事項を理由にして、なぜ、関与できるのか、これらの点が問題となります。国土交通相は、第1段階の議論をスキップして第2段階の議論をしていますが、それは地方自治法に違反するおそれが十分にあります。

第2段階の審査についても、国土交通相は、前知事の埋立承認が適法ならば、現知事の埋立承認は違法となる、だから、前の知事の埋立承認の適法性が審査対象となると主張しています。しかし、現知事は、前の知事の埋立承認について、違法または「不当」な瑕疵の有無を審査し、これらを認定した場合には、埋立承認を取消す権限をもっており、実際、この権限を行使しました。国土交通相は、翁長知事のこのような権限行使を是正するように指示したのですから、第2段階の審理の対象は、翁長知事の埋立承認取消しの適法性（「必要最小限の関与の原則」からすると、看過しがたい瑕疵の有無）ということになります。第2段階の審査のあり方においても、国土交通相の主張は、非常に問題です。

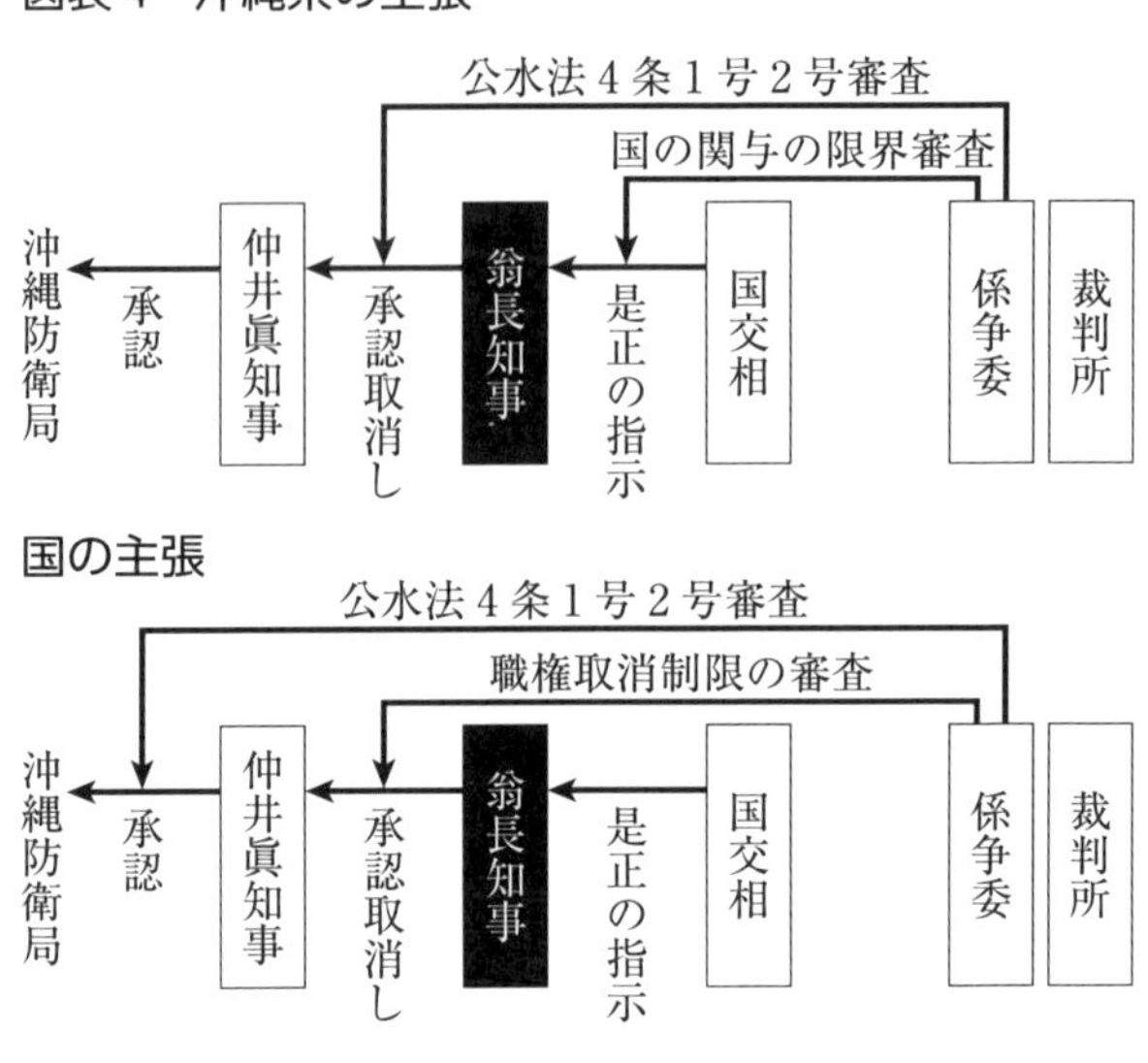

問われる国地方係争処理委員会の存在理由

憲法の保障する地方自治を実現するためには、国と地方自治体の関係は「対等・協力」関係でなければなりません。この認識にたち地方分権改革が進められ、地方自治体が国等の関与を争う制度が設けられました。この制度は、国の関与をめぐる紛争処理を、まず、行政内部の公正・中立な第三者機関である係争処理委に委ね、その判断結果に不服がある場合には、裁判所の判断により解決を図るという2段階から構成されています。裁判所の判断に先立って係争処理委の審理等を介在させたのは、裁判においては裁判所が審理する対象は違法性の有無に限られるのに対して、係争処理委は、国と地方の各行政方針などにも踏み込み、論点整理を行うことで裁判所の過重負担を防ぐためだといわれています。裁判所との役割分担からの存在理由です。

これに加えて、憲法の原理からみて係争委がなぜ必要なのか、どんな審理をするべきかについても確認することが大切です。係争処理委は、自治体に対する国の関与の適法性や公益適合性を審査する機関ですが、それは憲法の保障する地方自治の実現を図るためのものです。憲法の保障する地方自治の意義は、それぞれの地域の特殊性に着眼した政治行政であることや、さらに、住民自治に基づく民主的自治を重視することで、国政も民主的になる、そのように理解し、国と地方との対等協力関係を築くところに、係争処理委の存在理由があるのです。それを踏まえると、係争処理委は、国と地方の紛争を処理（審査）するに当って、国の関与が当該地域の特殊性に十分配慮して行われているか、また、当該地域の民主主義（住民自治）に適ったものなのか、これらについて丁寧に審査を行う必要があります。これらを欠く審査は、係争処理委の存在理由そのものを問うことになるでしょう。

Episode-9

沖縄問題の焦点は、憲法の地方自治の存在意義そのものだった

日本国憲法の「地方自治」は、国と都道府県、国と市町村、そして都道府県と市町村のそれぞれの関係を「対等」とします。ところが、それは1999年の地方自治法改正まで、ある種の「幻想」でした。都道府県知事は、各大臣の部下として、その命令を受けて職務を遂行する。「機関委任事務」といわれたものです。この国と地方が命令・下服の関係にあるとされた制度は、同年7月の地方自治法改正による地方分権改革により廃止され、全部で数百もあったこの事務は、国の「直接執行事務」、自治体の事務である「自治事務」、そして国が対等の関係で自治体に委託する「法定受託事務」へと整理されました。

さて、沖縄県内のアメリカ軍基地用地の多くは、本来民有地であるところ、「日本国とアメリカ合衆国との間の相互協力及び安全保障条約第六条に基づく施設及び区域並びに日本国における合衆国軍隊の地位に関する協定の実施に伴う土地等の使用等に関する特別措置法」(特措法) によって、強制的に借り上げて使用されていました。そこでは、その地主がその軍用地としての賃貸借契約を拒否した場合、その所属する市町村長が代理で署名し、市町村長さえも拒否した場合には都道府県知事が、代理署名することで強制使用できることになっていました。1995年の少女暴行事件後、大田昌秀知事がこの代理署名を拒否しましたが、それはこのような法的根拠に基づきます。

地方分権改革では、この知事の代理署名においても、「国と地方が対等に」なることを、多くの沖縄県民が期待しました。ところが何と政府は、地方自治法改正と同時におこなわれた特措法改正で、この代理署名権限を、国の直接執行事務にしてしまい、都道府県知事の署名をいちいちもらわなくても、政府が判断すれば民有地をアメリカ軍用地として使用できるようにしてしまったのです。

基地をめぐる国と自治体の権限争いは、今も昔も自治の焦点です。

辺野古新基地建設問題の経緯

（名護市ウェブサイトより一部引用）

1995年9月　米海兵隊員らによる少女暴行事件発生。

1996年4月12日　橋本首相とモンデール駐日米国大使が共同会見を行い、普天間飛行場の全面返還に合意したことを発表（既存基地内にヘリポート建設）。

4月15日　SACO中間報告。5～7年以内に十分な代替施設が完成した後、普天間飛行場を返還する内容。

12月2日　SACO最終報告。普天間飛行場は今後5年ないし7年以内に代替施設が完成し運用可能になった後、全面返還されることで合意。

1999年12月28日　政府、「普天間飛行場の移設に係る政府方針」を閣議決定（軍民共用（キャンプ・シュワブ水域内名護市辺野古沿岸域）、15年使用期限）。

2006年5月30日　政府、「在日米軍の兵力構成見直し等に関する政府の取り組みについて」を閣議決定、1999年12月の閣議決定を廃止。

2009年9月　鳩山内閣発足。「県外移設に県民の気持ちが一つならば、最低でも県外の方向で、我々も積極的に行動を起こさなければならない」と発言。

2010年5月4日　鳩山首相、仲井眞知事と会談。日米同盟の関係の中で抑止力を維持する必要があるとして、「（選挙前に掲げた）すべてを県外にというのは現実問題として難しい」と、事実上の県外全面移設を断念。

5月28日　日米両政府、米軍普天間飛行場の移設先を名護市辺野古とする共同声明を発表。

2012年12月16日　第46回衆議院議員総選挙で、普天間飛行場の返還・移設問題で名護市辺野古移設を推進する自民、公明両党が政権を奪回。

2013年3月22日　**沖縄防衛局、普天間飛行場の名護市辺野古沖への移設に向けた公有水面埋立承認願書を沖縄県北部土木事務所に提出。**

4月5日　日米両政府、普天間飛行場をはじめ嘉手納基地より南の6施設・区域の返還時期を明記した統合計画を発表。普天間飛行場は名護市辺野古移設を前提に9年後の「2022年度またはその後」と明記。

12月27日　**仲井眞知事が公有水面埋立申請を承認。**

2014年7月11日　沖縄防衛局、県に対して岩礁破砕等許可申請書を提出。

8月28日　仲井眞知事、沖縄防衛局による岩礁破砕等許可申請を許可。
11月16日　沖縄県知事選挙で辺野古への新基地建設に反対する翁長氏が、現職の仲井眞氏に約10万票の差をつけて当選。
12月14日　衆議院議員選挙の沖縄小選挙区の全4区において、辺野古移設反対を訴えた非自民候補が移設を容認した自民候補に勝利。

2015年1月26日　翁長知事、前知事による埋立承認の経緯について検証する第三者委員会を設置。
3月23日　翁長知事、岩礁破砕等許可の付款に基づき、沖縄防衛局に対しボーリング調査などの作業停止を指示。
3月24日　沖縄防衛局、翁長知事の作業停止指示を不服として、農林水産大臣に対し審査請求および執行停止を申し立て。
3月30日　農林水産相、翁長知事の作業停止指示の執行停止を決定。
7月16日　**第三者委員会、前知事による埋立承認に関し「法的に瑕疵がある」旨の報告書を翁長知事に提出。**
8月4日　政府と沖縄県、8月10日から9月9日までを集中協議期間として設定し、断続的に普天間飛行場の移設問題について協議することで合意。
9月9日　集中協議期間終了。
9月12日　沖縄防衛局、海上作業を再開（「海底ボーリング（掘削）調査に向けた安全確保のためのフロート（浮具）設置作業」）。
9月14日　翁長知事、前知事による埋立承認の取消しに向けた意見聴取手続を開始することを表明。
9月17日　**菅官房長官、県に意見聴取手続ではなく聴聞手続を実施するよう回答。**
9月28日　沖縄県、意見聴取を実施（沖縄防衛局は出頭せず。）
9月28日　沖縄県、行政手続法4条1項によって聴聞手続を行う必要はないことを留保しつつ、聴聞通知書を沖縄防衛局へ送付。
9月29日　沖縄防衛局、沖縄県に対し、聴聞の出頭に代えて陳述書を郵送。
10月7日　沖縄県、聴聞手続を実施（沖縄防衛局は出頭せず）。
10月13日　**翁長知事、公有水面埋立承認を取り消す。**
10月14日　**沖縄防衛局、承認取消しを不服として、国土交通相に対し審査請求および執行停止を申し立て。**
10月27日　**国土交通相、承認取消しの執行停止を決定。**

10月27日　**内閣、承認取消しに関し、地方自治法に基づく代執行手続着手を閣議口頭了解。**

10月28日　国土交通相、翁長知事に対して、承認取消しを取り消すよう勧告。（期限は5日）

10月29日　**沖縄防衛局、本体工事に着工。**

11月2日　**翁長知事、執行停止決定について、国地方係争処理委員会に対し審査の申出を提出。**

11月6日　翁長知事、国土交通相の勧告を拒否するとともに、国土交通相に対して公開質問状（全5問）を発送。

11月9日　国土交通相、翁長知事に対して、承認取消しを取り消すよう指示。（期限は3日）

11月11日　翁長知事、国土交通相の指示を拒否。

11月17日　**国土交通相、福岡高等裁判所那覇支部に対して、沖縄県知事が埋立承認取消しを取り消す旨の判決を求めて、翁長知事を被告とした代執行訴訟を提起。**

12月24日　**国地方係争処理委員会、翁長知事の審査の申出を却下（決定の通知は12月28日付け）。**

12月25日　**沖縄県、那覇地方裁判所に対して、執行停止決定の取消しを求めて、国を被告とした処分取消訴訟を提起。**

2016年1月29日　代執行訴訟・第3回口頭弁論終了後、裁判所が和解勧告。

2月1日　**翁長知事、国地方係争委処理委員会の却下決定に不服があるとして、執行停止決定の取消しを求めて、福岡高等裁判所那覇支部に対して、国土交通相を被告とした関与取消訴訟を提起。**

2月29日　代執行訴訟と関与取消訴訟が結審。

3月4日　**国、和解勧告を受け入れ。和解成立。安倍首相、中谷防衛相に対して、工事中止を指示。**

3月7日　沖縄防衛局、国土交通相に対する審査請求を取り下げ。国土交通相、翁長知事に対し承認取消しを取り消すよう指示。

3月9日　沖縄県、処分取消訴訟を取り下げ。

3月14日　翁長知事、3月7日付けの指示について国地方係争処理委員会に対し審査の申出を提出。

3月16日　国土交通相、「撤回」と称して、3月7日付けの指示の取消し。理由を付記した通知書でもって、あらためて承認取消しの取消しを指示。

3月23日　**翁長知事、3月7日付けの指示についての審査の申出を取下げ。あらためて、3月16日付けの指示について、国地方係争処理委員会に対し審査の申出を提出。**

声明　辺野古埋立承認問題における政府の行政不服審査制度の濫用を憂う

周知のように、翁長雄志沖縄県知事は去る10月13日に、仲井眞弘多前知事が行った辺野古沿岸部への米軍新基地建設のための公有水面埋立承認を取り消した。これに対し、沖縄防衛局は、10月14日に、一般私人と同様の立場において行政不服審査法に基づき国土交通大臣に対し審査請求をするとともに、執行停止措置の申立てをした。この申立てについて、国土交通大臣が近日中に埋立承認取消処分の執行停止を命じることが確実視されている。

しかし、この審査請求は、沖縄防衛局が基地の建設という目的のために申請した埋立承認を取り消したことについて行われたものである。行政処分につき固有の資格において相手方となった場合には、行政主体・行政機関が当該行政処分の審査請求をすることを現行の行政不服審査法は予定しておらず（参照、行審1条1項）、かつ、来年に施行される新法は当該処分を明示的に適用除外としている（新行審7条2項）。したがって、この審査請求は不適法であり、執行停止の申立てもまた不適法なものである。

また、沖縄防衛局は、すでに説明したように「一般私人と同様の立場」で審査請求人・執行停止申立人になり、他方では、国土交通大臣が審査庁として執行停止も行おうとしている。これは、一方で国の行政機関である沖縄防衛局が「私人」になりすまし、他方で同じく国の行政機関である国土交通大臣が、この「私人」としての沖縄防衛局の審査請求を受け、恣意的に執行停止・裁決を行おうというものである。

このような政府がとっている手法は、国民の権利救済制度である行政不服審査制度を濫用するものであって、じつに不公正であり、法治国家に悖るものといわざるを得ない。

法治国家の理念を実現するために日々教育・研究に従事している私たち行政法研究者にとって、このような事態は極めて憂慮の念に堪えないものである。国土交通大臣においては、今回の沖縄防衛局による執行停止の申立てをただちに却下するとともに、審査請求も却下することを求める。

２０１５年10月23日
行政法研究者有志一同

呼びかけ人（50音順）

岡田　正則（早稲田大学教授）
木佐　茂男（九州大学教授）
本多　滝夫（龍谷大学教授）
亘理　　格（中央大学教授）
紙野　健二（名古屋大学教授）
白藤　博行（専修大学教授）
山下　竜一（北海道大学教授）

和解条項

1　当庁平成27年（行ケ）第3号事件原告（以下「原告」という。）は同事件を、同平成28年（行ケ）第1号事件原告（以下「被告」という。）は同事件をそれぞれ取り下げ、各事件の被告は同取下げに同意する。

2　利害関係人沖縄防衛局長（以下「利害関係人」という。）は、被告に対する行政不服審査法に基づく審査請求（平成27年10月13日付け沖防第4514号）及び執行停止申立て（同第4515号）を取り下げる。利害関係人は、埋立工事を直ちに中止する。

3　原告は被告に対し、本件の埋立法認取消に対する地方自治法245条の7所定の是正の指示をし、被告は、これに不服があれば指示があった日から1週間以内に同法250条の13第1項所定の国地方係争処理委員会への審査申出を行う。

4　原告と被告は、同委員会に対し、迅速な審理判断がされるよう上申するとともに、両者は、同委員会が迅速な審理判断を行えるよう全面的に協力する。

5　同委員会が是正の指示を違法でないと判断した場合に、被告に不服があれば、被告は、審査結果の通知があった日から1週間以内に同法251条の5第1項1号所定の是正の指示の取消訴訟を提起する。

6　同委員会が是正の指示が違法であると判断した場合に、その勧告に定められた期間内に原告が勧告に応じた措置を取らないときは、被告は、その期間が経過した日から1週間以内に同法251条の5第1項4号所定の是正の指示の取消訴訟を提起する。

7　原告と被告は、是正の指示の取消訴訟の受訴裁判所が迅速な審理判断を行えるよう全面的に協力する。

8　原告及び利害関係人と被告は、是正の指示の取消訴訟判決確定まで普天間飛行場の返還及び本件埋立事業に関する円満解決に向けた協議を行う。

9　原告及び利害関係人と被告は、是正の指示の取消訴訟判決確定後は、直ちに、同判決に従い、同主文及びそれを導く理由の趣旨に沿った手続を実施するとともに、その後も同趣旨に従って互いに協力して誠実に対応することを相互に確約する。

10　訴訟費用及び和解費用は各自の負担とする。

以上

内閣総理大臣　　　　　　　　　　　　　　　　　　　　　　　　　　平成25年1月28日
安　倍　晋　三　殿

建　白　書

我々は、2012年9月9日、日米両政府による垂直離着陸輸送機MV22オスプレイの強行配備に対し、怒りを込めて抗議し、その撤回を求めるため、10万余の県民が結集して「オスプレイ配備に反対する沖縄県民大会」を開催した。

にもかかわらず、日米両政府は、沖縄県民の総意を踏みにじり、県民大会からわずかひと月も経たない10月1日、オスプレイを強行配備した。

沖縄は、米軍基地の存在ゆえに幾多の基地被害をこうむり、1972年の復帰後だけでも、米軍人等の刑法犯罪件数が6,000件近くに上る。

沖縄県民は、米軍による事件・事故、騒音被害が後を絶たない状況であることを機会あるごとに申し上げ、政府も熟知しているはずである。

とくに米軍普天間基地は市街地の真ん中に居座り続け、県民の生命・財産を脅かしている世界一危険な飛行場であり、日米両政府もそのことを認識しているはずである。

このような危険な飛行場に、開発段階から事故を繰り返し、多数にのぼる死者をだしている危険なオスプレイを配備することは、沖縄県民に対する「差別」以外のなにものでもない。現に米本国やハワイにおいては、騒音に対する住民への考慮などにより訓練が中止されている。

沖縄ではすでに、配備された10月から11月の2ヶ月間の県・市町村による監視において300件超の安全確保違反が目視されている。日米合意は早くも破綻していると言わざるを得ない。

その上、普天間基地に今年7月までに米軍計画による残り12機の配備を行い、さらには2014年から2016年にかけて米空軍嘉手納基地に特殊作戦用離着陸輸送機CV22オスプレイの配備が明らかになった。言語道断である。

オスプレイが沖縄に配備された昨年は、いみじくも祖国日本に復帰して40年目という節目の年であった。古来琉球から息づく歴史、文化を継承しつつも、また私たちは日本の一員としてこの国の発展を共に願ってもきた。

この復帰40年目の沖縄で、米軍はいまだ占領地でもあるかのごとく傍若無人に振る舞っている。国民主権国家日本のあり方が問われている。

安倍晋三内閣総理大臣殿。

沖縄の実情を今一度見つめて戴きたい。沖縄県民総意の米軍基地からの「負担軽減」を実行して戴きたい。

以下、オスプレイ配備に反対する沖縄県民大会実行委員会、沖縄県議会、沖縄県市町村関係4団体、市町村、市町村議会の連名において建白書を提出致します。

1　オスプレイの配備を直ちに撤回すること。及び今年7月までに配備されるとしている12機の配備を中止すること。また嘉手納基地への特殊作戦用垂直離着陸輸送機CV22オスプレイの配備計画を直ちに撤回すること。

2　米軍普天間基地を閉鎖・撤去し、県内移設を断念すること。

オスプレイ配備に反対する沖縄県民大会実行委員会
共同代表　沖縄県議会議長　喜納　昌春
共同代表　沖縄県市長会会長　翁長　雄志
共同代表　沖縄県商工連合会会長　照屋　義実
共同代表　連合沖縄会長　仲村　信正
共同代表　沖縄県婦人連合会会長　平良　菊

地方自治って　これだ！　—あとがきに代えて—

日本国憲法が地方自治を保障していることは第Ⅰ部において説明しました。もっとも、日本国憲法の制定の経緯をみてみると、地方自治の保障は、松本案と呼ばれる、当時の保守的な日本政府が作成した明治憲法の改正案にはありませんでした。連合国軍総司令部（ＧＨＱ）は、日本政府がポツダム宣言にしたがって真摯に日本の政治行政の民主化を図る意図がないことを悟りました。そこで、ＧＨＱは地方自治に関する規定（自治体の長・議員の直接公選制、住民の憲章の制定権、地方自治特別法の原則禁止）を含む、いわゆるマッカーサー草案を日本政府に提示しました。これを承けて、日本政府は、地方自治に関する規定を加えた「憲法改正草案」（１９４６年４月）を作成しました。そこに加えられた規定が、現在の憲法第８章に収められている規定となりました。

ところで、サンフランシスコ講和条約によって本土が独立した後も、引き続きアメリカ軍（米国民政府）の統治の下におかれた沖縄には日本国憲法は適用されませんでした。それにもかかわらず、米国民政府の圧政に抗して、アメリカ軍の土地接収政策に対する「島ぐるみ闘争」、沖縄の立法院を無視したキャラウェイ高等弁務官による強権的な布令政治に対する反対運動などを通じて、沖縄の人々は自治をかち取ってきました。

翁長知事はつぎのように語っています（『戦う民意』１５６〜１５７ページ）。

「沖縄の民主主義は、本土のように連合国最高司令官マッカーサーの時代に与えられた自治や人権の中で発想するものではありません。その意味で、民主主義や自治の精神が沖縄県民に身体深く根付いています。粘り強い闘いのＤＮＡが今日も沖縄には生きているのです。」

もちろん、本土でも地方自治は与えられたままであったわけではありません。１９６０年代半ばから公害問題が深刻化したにもかかわらず、経済成長を重視する国は、規制を強化することには及び腰でした。これに対し革新自治体は、国より厳しい汚染物質等の排出基準を条例化するなど積極的に公害規制を始めました。これが契機となって、社会福祉の分野や宅地開発・建築規制の分野で自治体が独自の施策を打ち出しました。

さらに、１９８０年代後半には、バブル経済の下での都市開発・リゾート開発、廃棄物の増大による廃棄物処理施設建設のラッシュといった乱開発が都市部だけでなく農山村部をも襲い、地域社会の維持を求める声に応じて自治体は独自の規制に乗り出しました。

こうした経験を経て、日本のあらゆる地域で地方自治が住民の生命・健康や住環境を守るために必要だ、との認識は国民的確信となり、その確信は、地方自治の保障を強化・拡大する地方分権改革へと発展しました。

基本的人権を守ろうとする住民運動と、地域における政治・行政に民主主義を求める政治運動とが結び付くとき、地方自治が必要とされ、現実のものとなる。

地方自治って　これだ！

本多　滝夫

２０１６年４月12日

〈編　者〉
本多　滝夫（ほんだ たきお）　龍谷大学法科大学院教授・行政法学
（執筆：はしがき、あとがき）

〈著　者〉
白藤　博行（しらふじ ひろゆき）　専修大学法学部教授・行政法学
（執筆：第Ⅰ部）

亀山　統一（かめやま のりかず）　琉球大学農学部助教・森林保護学
（執筆：第Ⅱ部第１章、エピソード１）

前田　定孝（まえだ さだたか）　三重大学人文学部准教授・行政法学
（執筆：第Ⅱ部第２章、エピソード２〜６、８、９）

徳田　博人（とくだ ひろと）　琉球大学法文学部教授・行政法学
（執筆：第Ⅱ部第３章、エピソード７）

『Ｑ＆Ａ　辺野古から問う日本の地方自治』

2016年５月３日　初版第１刷発行

編　者　本多滝夫
著　者　白藤博行・亀山統一
　　　　前田定孝・徳田博人
発行者　福島　譲
発行所　㈱自治体研究社
〒162-8512 新宿区矢来町123 矢来ビル４Ｆ
TEL：03･3235･5941／FAX：03･3235･5933
http://www.jichiken.jp/
E-Mail：info@jichiken.jp

ISBN978-4-88037-652-3 C0031

写真：名護市、琉球新報、自治労連、亀山統一、前田定孝
本文デザイン・DTP：前田定孝＋トップアート
カバーデザイン：前田定孝＋アルファデザイン
印刷：トップアート